中国农业出版社

前 言 PREFACE

家庭养花不仅可以美化环境、活跃气氛，还可以净化空气、排除居室有害物质，更可以让都市人在动手栽种的过程中放松身心、舒缓压力、陶冶性情。养花除了自赏，还可以当礼物送给亲友或爱人，对方一定会为这份独一无二、充满诚意的礼物所感动。

家庭养花会因为栽种者的不同喜好而分为不同种类的种植。有不少人更喜欢那抹象征着生机的绿色，此时在家中栽种上一些观叶植物就再合适不过了。观叶植物没有观花植物的斑斓，却以其顽强的生命力为喜爱它的人们呈现出别样生趣。

为了让植物爱好者进一步了解、欣赏以及栽培观叶盆栽，本书介绍了观叶植物的基本习性，家庭栽培观叶盆栽所用的花盆及工具，常见的观叶植物的别名、应用、形态特征、种植与护理方法等方面的知识。希望读者能够应用本书的知识，充分享受培养观叶盆栽的乐趣。

本丛书共分四册：《观花植物养护指南》、《观叶植物养护指南》、《水养植物养护指南》和《多肉植物养护指南》，是家庭植物种植爱好者的好帮手。

目 录 CONTENTS

Part 1 观叶植物的生长环境

温度……………………………………2

光照……………………………………3

水分……………………………………4

Part 2 观叶植物的养护工具及使用

种植工具………………………………6

常用花盆………………………………7

Part 3 观叶植物养护实例

洋常春藤……………………………10

龟背竹………………………………12

百万心………………………………14

富贵竹………………………………16

发财树………………………………18

金钱树………………………………20

多孔龟背竹…………………………22

变叶木………………………………24

栗豆树………………………………26

散尾葵………………………………28

也门铁………………………………30

香菇草………………………………32

姬凤梨………………………………34

花叶垂榕……………………………36

虎尾兰………………………………38

孔雀木………………………………40

吊竹梅……………………………42
文竹………………………………44
猪笼草……………………………46
金琥………………………………48
捕蝇草……………………………50
黑叶观音莲………………………52
荷叶椒草…………………………54
红雀珊瑚…………………………56
青苹果竹芋………………………58
马齿苋树…………………………60
吊兰………………………………62
绿萝………………………………64
波浪竹芋…………………………66
金钻蔓绿绒………………………68
铁线蕨……………………………70
苏铁………………………………72
橡皮树……………………………74
棕竹………………………………76
彩叶草……………………………78
银苞芋……………………………80
雪花木……………………………82
大叶落地生根……………………84
紫鹅绒……………………………86
朱砂根……………………………88
小富贵……………………………90
镜面草……………………………92
荷花竹……………………………94
八角金盘…………………………96
密叶朱蕉…………………………98
圆叶福禄桐………………………100
万年青……………………………102
春羽………………………………104
孔雀竹芋…………………………106
薄荷………………………………108
兴旺竹……………………………110
清香木……………………………112
皱叶椒草…………………………114
网纹草……………………………116
滴水观音…………………………118
袖珍椰子…………………………120
合果芋……………………………122

Part 1 观叶植物的生长环境

温度

室内观叶植物的生长都要求较高的温度，大多数室内观叶植物适于在20～30℃的环境中生长。夏季温度过高时，不利于室内观叶植物的正常生长，因此必须注意荫蔽与通风，营造较凉爽的小环境，以保证植株的正常生长；冬季温度过低，也会限制植株的生长乃至生存。同时，不同种类的植物因生长的纬度及形态结构上的差异，所能忍耐的最低温度也有差别。在栽培上，必须针对不同类型的植物对温度的需求而区别对待，以满足各自的越冬要求。现将常见的室内观叶植物越冬所需温度介绍如下:

越冬温度要求10℃以上的品种：网纹草、花叶万年青、孔雀竹芋、 变叶木、花叶芋、多孔龟背竹、观音莲、星点木、铁十字秋海棠、 绿道竹芋、五彩千年木等。

越冬温度要求5℃以上的品种：龙血树、朱蕉、散尾葵、袖珍柚子、垂叶榕、椒草、合果芋、孔雀木、吊兰、吊竹梅、鹅掌柴、紫鹅绒、白鹤芋、凤梨类，以及喜林芋属的琴叶喜林芋、心叶喜林芋、红锦喜林芋等。

越冬温度要求0℃以上的品种：春羽、龟背竹、长春藤、海芋、棕竹、苏铁、肾蕨、麒麟尾、天门冬等。

光照

相对而言，室内观叶植物对光照的需要不如其他花卉那么严格。室内观叶植物大多都在林荫下生长，所以更适于在半阴环境中栽培。但不同种类和不同品种在原产地林荫下所处层次不同以及形态结构的多样化，决定了它们对光照需求和适应的环境各有不同。光照的影响是多方面的，其中光照强度和光质是主要的两个方面。

根据不同室内观叶植物对光照强度的不同需求，可将它们分为以下几大类：

较喜阳类 如果光线不足，则生长纤细且容易落叶。同时，许多品种的彩斑性状不能正常形成和维持稳定。如，变叶木必须在强光下才能使其色彩鲜艳；荷兰铁在弱光下新叶不易老化，且表现为叶片下垂，观赏价值降低。这类植物还包括变叶木、花叶榕、朱蕉、苏铁、花叶鹅掌柴、金边垂榕等。

中等耐阴类 在中等光照强度下生长较好，在太弱光线下草本观叶植物表现为生长细弱、叶片黄化，且容易倒伏，而在室内较强漫散光下表现为较佳的观赏状态。这类植物包括花叶万年青、龙血树、观音莲、椒草、吊兰、春羽、散尾葵、袖珍椰子、棕竹等。

喜阴类 在较荫蔽条件下生长良好，适应于光线不足的室内环境，在强光下，容易出现日烧、枯焦等生理病害，同时叶片色彩暗淡。该类植物包括蕨类、白鹤芋、绿巨人、龟背竹、麒麟尾、黄金葛、喜林芋类等。

水分

室内观叶植物除个别种类比较耐干燥外，大多数在生长期都需要比较充足的水分。水分包括土壤中的水分和空气中的水分两部分。

室内观叶植物大多是原产于热带亚热带森林中的附生植物和林下喜阴植物，空气中的水分对它们来说尤为重要。但是，由于它们原来的生长环境存有差异性以及形态结构和生长的多样化，所以它们对空气湿度的需求也有所不同。

花叶芋、花烛、黄金葛、白鹤芋、绿巨人、观音莲、冷水花、金鱼草、龟背竹、竹芋类、凤梨类、蕨类等需要高湿度，即相对湿度在60% 以上。

天门冬、金脉爵床、球兰、椒草、亮丝草、秋海棠、散尾葵、三药槟榔、袖珍椰子、夏威夷椰子、马拉巴栗、龙血树、花叶万年青、春羽、伞树、合果芋等需要中湿度，即相对湿度为50%～60%。

酒瓶兰、荷叶兰、一叶兰、鹅掌柴、橡皮树、琴叶榕、棕竹、美丽针葵、变叶木、垂叶榕、苏铁、美洲铁、朱蕉等需要较低湿度，即相对湿度为40%～50%。

另外，室内观叶植物对湿度的要求也会随季节的变化而有所不同。一般而言，生长旺盛期都需要较充足的土壤水分和较高的空气湿度，才能保证其正常生长需要，休眠期则需要较少的水分，只需保证其正常的生理需要即可。春、夏季气温高，阳光强烈，还有风大、空气干燥的天气，都必须给植株补充充足的水分；秋季气温较高，蒸发量也大，空气湿度较低，也须给予充足的水分；秋末及冬季气温低，阳光弱，植株需水量较少。

Part2 观叶植物的养护工具及使用

种植工具

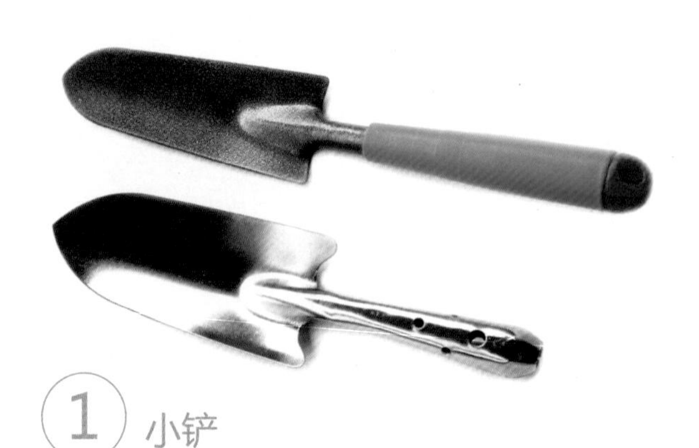

1 小铲

多用于移植、栽培花苗，也可用于松土。

2 小耙

用于盆花松土。

3 枝剪

用于花卉的修剪与整形。

4 小型喷雾器

可用于叶面施肥、病虫害防治及叶面喷水等。

5 浇水壶

最好选购带活动喷头的，在需要喷洒叶面及盆栽小苗时使用。卸下喷头即可用于浇水和追施液肥。

常用花盆

市场上的花盆种类很多，可根据栽种的花卉种类选择不同的花盆，一般家庭多选择造型美观、色泽上能与所栽培的花卉协调一致的花盆。目前常用的花盆可分为以下七大类：

1. 泥盆

泥盆具有排水透气性较好的特点，但质地粗糙、易破碎。南方泥盆做工粗糙，盆较浅，口径较大，色泽暗黄色，宜做生产用盆；北方泥盆用黄泥烧成，色泽较好，但因其观赏性差，如今家庭较少采用。

2. 紫砂盆

紫砂盆以江苏宜兴的为最好，虽排水性能较差，只有微弱的透气性，但造型琳琅满目，多用来养护室内名贵的中小型名花。

3. 瓷盆

瓷盆外型美观、质地精良，但排水、通气性较差，价格较贵。

4. 陶盆

陶盆用陶泥烧制而成，有一定的通气性，有的会在制作过程中在素陶盆上加一层彩釉，造型多样，十分美观，但透气性较差。

5. 木盆

木盆大小尺寸不定，通气、透水性好，造型多变。

6. 塑料盆

塑料盆一般体积较小，色彩丰富，造型各异，应用较多，价格便宜，但通透性差。

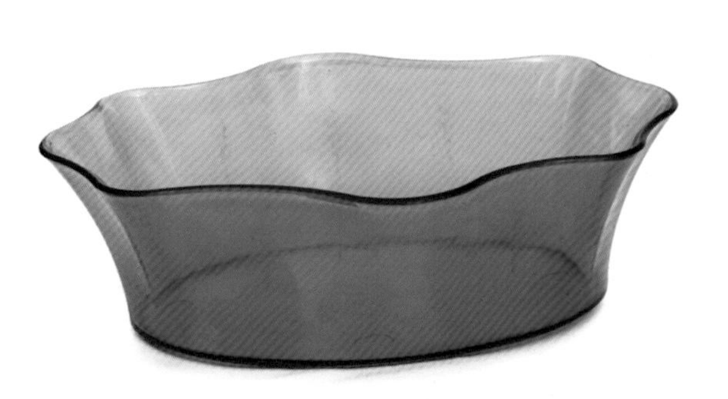

7. 玻璃盆

常见的玻璃盆多为方形或圆柱形，也有六角形及其他造型，多用于水培。

Part3
观叶植物养护实例

洋常春藤

别名：土鼓藤、钻天风、三角风、长春藤

形态特征 洋常春藤是常绿蔓性藤本植物，茎节长有气生根，能攀援他物生长。单叶互生，呈掌型，形状因品种不同而稍有差异，叶片有黄色、白色斑块或镶纹，变化较大。伞形花序顶生或多个排列成圆锥状，9~11月开花。

习性

性喜温暖、湿润的半阴环境，较耐寒。

环境布置

1.光照：适宜在充足散射光下养护，不要放在强光下。夏季炎热时要适当进行遮阴或者放在疏荫处，避免烈日暴晒。冬季时多接受光照。

2.温度：生长适温为10~25℃，温度超过35℃时叶片会发黄，生长停止。

3.土壤：以富含腐殖质、排水良好的沙质壤土为佳。盆栽土壤可用腐叶土、田园土及有机肥混合配制，也可用泥炭土加珍珠岩配制。

养护方法

1. 浇水：生长期应保持盆土湿润，夏季及秋季干燥季节要多向植株喷雾保湿，防止空气过于干燥而导致叶片黄枯。冬季控制水分，土壤稍干燥即可，过湿不利于越冬。

2. 施肥：一般10天施肥1次，以速效性复合肥为佳，不宜施用过多的氮肥。

3. 繁殖：扦插法为主。

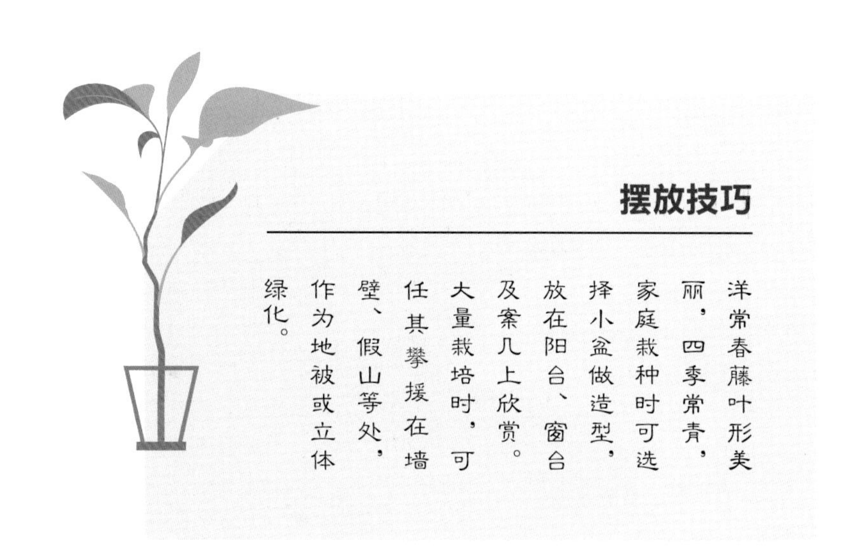

摆放技巧

洋常春藤叶形美丽，四季常青，家庭栽种时可选择小盆做造型，放在阳台、窗台及案几上欣赏。大量栽培时，可任其攀援在墙壁、假山等处，作为地被或立体绿化。

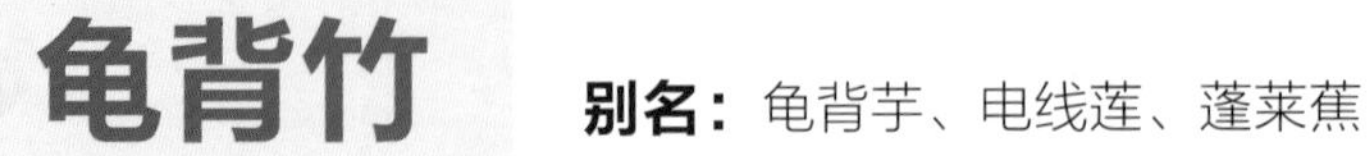

龟背竹

别名：龟背芋、电线莲、蓬莱蕉

形态特征 龟背竹是多年生常绿蔓性藤本植物，茎粗壮，上面长有褐色气生根。叶片较大，深绿色，上面分布着许多长圆形的孔洞和深裂，看起来就像龟甲。肉穗花序，淡黄色，通常在8～9月开花，果实在第二年花期后成熟。

习性

性喜温暖、湿润的环境，不耐寒，忌干燥。

环境布置

1.光照：喜充足的散射光，切勿放于强光下暴晒。夏季要注意遮阴，否则叶片会老化，缺乏自然光泽，从而影响观赏价值。

2.温度：生长适温为25～30℃，冬季温度不可低于5℃。

3.土壤：以肥沃、排水良好的沙质壤土为佳。盆栽土壤可选用腐叶土、田土、有机肥及河沙适量混合配制，也可单独用塘泥栽培。

养护方法

1.浇水：喜水，要掌握“宁湿不干”的原则，但切勿使盆土积水。春、秋季每2～3天浇水1次。盛夏季节除每天浇水外，还需向叶面喷水保湿。冬季叶片蒸发量减弱，浇水量要适当减少。

2.施肥：半个月施肥 1 次，以复合肥及有机肥交替施用，忌偏施氮肥。

3.繁殖：常用播种、扦插和分株法进行繁殖。

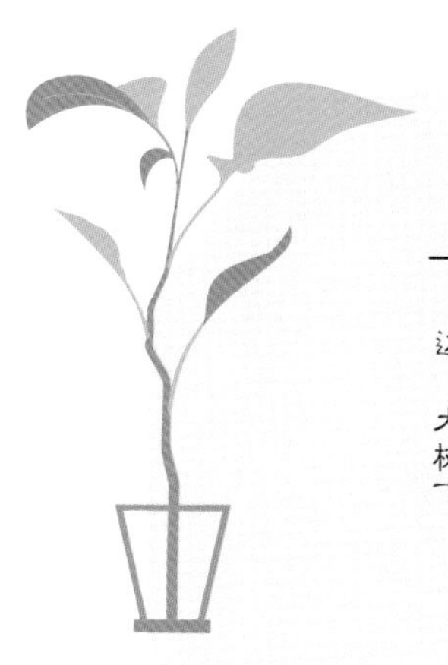

摆放技巧

家庭栽种时可选用中小盆培植，摆设在室内客厅、卧室和书房一隅；也可以大盆栽培，放在宾馆、饭店大厅及室外的水池边、大树下。

百万心

别名： 串钱藤、纽扣玉藤

形态特征 百万心是附生缠绕藤本植物，以气根攀附于树干或他物上，春季时开黄色或白色花朵。叶片对生，肥厚多肉，每片的大小和形状几乎相同，形状酷似钮扣，叶色常年青翠。

习性

性喜湿润、半阴的环境，较耐旱。

环境布置

1.光照：喜半阴环境，不耐强光，适宜栽种在半日照或是有遮蔽的屋檐下、窗边。

2.温度：生长适温为20～30℃。

3.土壤：栽培基质一般选用通气性良好的材料，可用蛇木屑加适量珍珠岩混合配制营养土。

养护方法

1.浇水：掌握“干透浇透”原则，基质不能长期过湿，以免根系及枝条腐烂或长势衰弱。

2.施肥：需肥量不大，每月施用1次稀薄的液肥，浓度不可过高。

3.繁殖：在生长期采用扦插法进行繁殖。

摆放技巧

可作小型盆栽栽种，摆放在客厅或窗台等处，任其悬垂作点缀；也可作为室外绿化植物，任其随意攀爬于墙面或是树干上。

富贵竹

别名：仙龙达龙血树、绿叶仙龙血树、万年竹、万寿竹

形态特征 富贵竹是常绿亚灌木植物，可生长至1米以上。外形细长、直立，上部长有分枝。叶子互生或近对生，长披针形。伞形花序，开在叶腋处，紫色。果实近球形，黑色。常见的栽培品种有银边富贵竹、黄金富贵竹等。

习性

性喜高温、多湿和阳光充足的环境，不耐寒，耐半阴。

环境布置

1.光照：忌强光直射，适宜摆放在明亮散射光下养护。光照过强、暴晒会引起叶片变黄、褪绿、生长慢等现象。

2.温度：生长适温为20～30℃。

3.土壤：以疏松的沙壤土为佳。盆栽可用腐叶土、菜园土和河沙等混合种植，也可以用塘泥栽培。

养护方法

1.浇水：生长季节应常保持盆土湿润，切勿干燥。盛夏及干热的秋季要常向叶面喷水，以清洁叶面及增加空气湿度。冬季盆土不宜太湿，可稍干燥。

2.施肥：对肥料要求不严，半个月施1次氮、磷、钾复合肥。

3.繁殖：一般采用扦插法，可用沙插，也可用水插。

摆放技巧

适合家庭绿化装饰，或作切花配材。一般家庭可以选用小盆栽种，摆放在窗台、阳台上；水养栽种可摆设在餐桌、书桌及电脑桌等处。

发财树

别名：马拉巴栗、瓜栗、中美木棉、鹅掌钱

形态特征 发财树是多年生常绿乔木植物，茎笔直挺立，树干呈锤形。叶片大而苍青，长卵圆形，叶色四季常青。4~5月开花，花色有红、白或淡黄，色泽艳丽。果期9~10月。

习性

性喜温暖、湿润的向阳或稍有疏荫环境。

环境布置

1.光照：既喜光，也耐阴。一般室内栽培的发财树不可突然见强光，否则叶片易被灼伤。如果室内光照过于阴暗，养护一段时间后应放在光线较明亮处，以恢复树的姿态。

2.温度：生长适温为15～30℃。

3.土壤：以富含腐殖质沙质肥沃酸性土为最佳。盆栽可选用腐叶土、田园土加适量河沙混合配制营养土。

养护方法

1.浇水：在生长期保持土壤湿润。冬季控制水分，土壤应稍干燥，过湿易烂根。

2.施肥：忌偏施氮肥。在生长旺盛时期以氮肥为主，配施磷、钾肥，冬季停止施肥。

3.繁殖：可采用播种及扦插法进行繁殖。

摆放技巧

小型盆栽适合摆放在客厅、卧室、书房等处，营造清新典雅的绿植气息。在园林绿化中，还可以作为庭荫树来遮阴，或者栽培在人行道的绿化带、分车线绿道等处，提高园林环境的整体生态质量。

金钱树

别名： 金币树、雪铁芋、泽米叶天南星

形态特征 金钱树是多年生常绿草本植物，植株高30～50厘米，地下长有肥大的块茎，浅黄色。主枝四散型生长，羽状复叶从块茎顶端抽生，叶色浓绿，叶片椭圆形，叶质肥厚。

习性

性喜温暖稍干的环境，耐阴、耐旱，怕高湿、低温。

环境布置

1.光照：喜光又耐阴，忌强光烈日暴晒和直射。初夏雨晴后和夏天正午前后应避开强光暴晒，不然会被灼伤。

2.温度：生长适温为22～32℃。

3.土壤：以疏松肥沃、排水良好、富含有机质酸性至微酸性壤土为佳。多用泥炭、粗沙或冲洗过的煤渣与少量园土混合制作栽培基质。

养护方法

1.浇水：比较耐旱，盆土要以偏干为好，过湿会导致根系容易腐烂，浇水可“见干再浇”。春秋季每周浇1次，夏季可3天浇1次，冬季半个月浇1次(也可以用喷水的方式代替浇水，特别是在冬季严寒时节)，每次的浇水量不可过多。

2.施肥：可选用含氮、磷、钾的复合肥施用，一般10天施肥1次。可随水追施，如施用缓释性肥料更佳。冬天不宜施肥，以免造成低温条件下的肥害伤根。

3.繁殖：多采用扦插法进行繁殖。

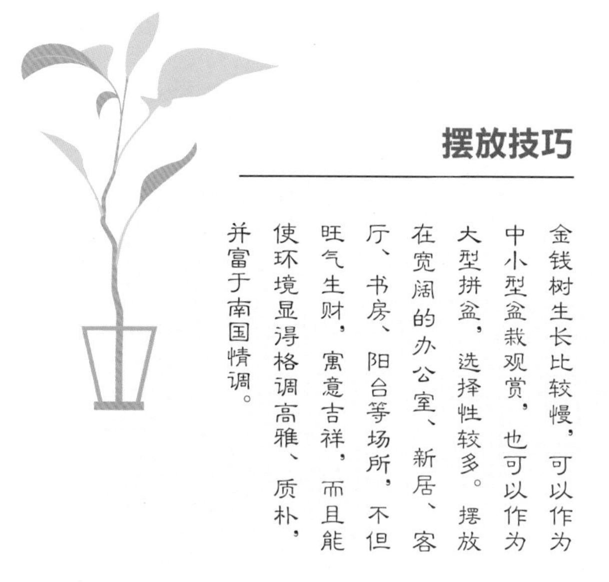

摆放技巧

金钱树生长比较慢，可以作为中小型盆栽观赏，也可以作为大型拼盆，选择性较多。摆放在宽阔的办公室、新居、客厅、书房、阳台等场所，不但旺气生财，寓意吉祥，而且能使环境显得格调高雅、质朴，并富于南国情调。

多孔龟背竹

别名： 仙洞龟背竹，小龟背竹

形态特征 多孔龟背竹是多年生蔓性草本植物， 茎细长，根系发达。叶片宽大，颜色鲜绿，呈椭圆形，上面分布着一个个紧密排列的椭圆形或长椭圆形穿孔，形状酷似龟背。

习性

性喜温暖、湿润的环境，较耐阴，不耐低温及干燥。

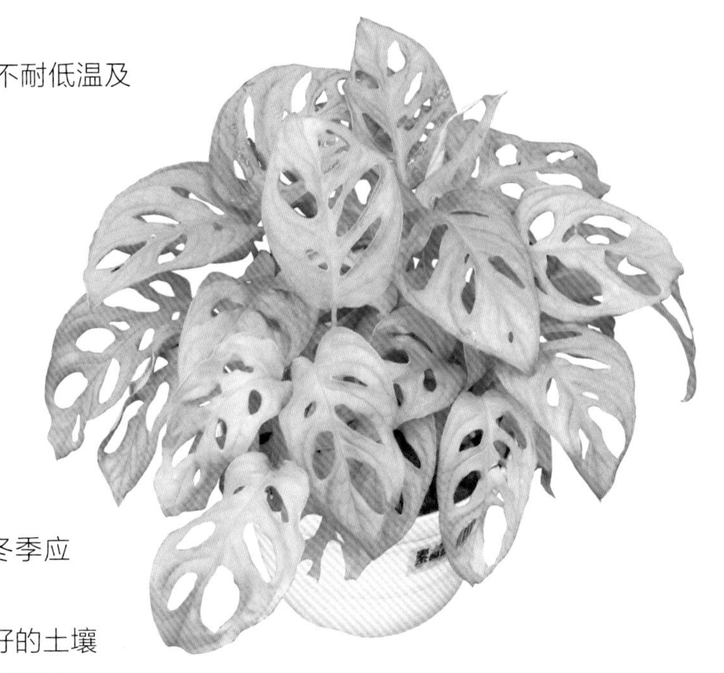

环境布置

1.光照：耐阴，忌阳光暴晒，暴晒1～2个小时就会灼伤叶片。5～9月应进行遮阴，或将植株置散射光充足处。在半阴的条件下，叶片会长得更加翠绿，更富有光泽，而且孔洞形成也多。其他时间则需充足的阳光。

2.温度：生长适温为20～30℃，冬季应维持在10℃以上。

3.土壤：以肥沃、排水透气性能良好的土壤为佳。盆土可用腐叶土、堆肥、河沙混合配制。

养护方法

1.浇水：应掌握“宁湿勿干”原则，经常保持盆土湿润，以不积水为宜。冬季控制浇水，防止温度过低导致烂根。

2.施肥：坚持薄肥勤施，10天施肥1次。一般结合浇水进行，以氮肥为主，交替施有机肥效果更佳。

3.繁殖：多用扦插和分株法进行繁殖。

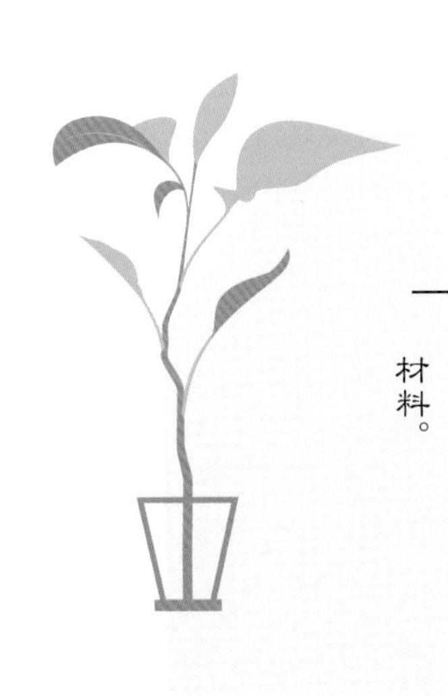

摆放技巧

多孔龟背竹植株小巧，株形别致，是室内绿化装饰的理想植物种类。可以多盆栽或水培，用于装饰客厅、案几及卧室等处，也可用于室外攀缘栽培观赏，还是切叶插花的理想材料。

变叶木

别名：洒金榕

形态特征 变叶木是常绿灌木或小乔木植物，植株可高达2米，以叶片的形色而得名。叶片形态因品种不同而异，有披针形、卵形、椭圆形、波浪起伏状、扭曲状等，叶色有亮绿色、白色、红色、淡红色、深红色、紫色、黄色等。

习性

性喜阳光充足及温暖、湿润的环境，不耐阴，忌干旱。

环境布置

1.光照：喜半阴环境，秋、冬、春三季可以给予充足的阳光照射，夏季需要遮阴50%以上。放在室内养护时，尽量放在光线明亮的地方。

2.温度：生长适温为20～30℃，冬季温度不低于13℃。

3.土壤：以肥沃、通透性良好且保水性好的土壤为佳。盆栽可用腐叶土、园土、堆肥、河沙混合配制营养土。

养护方法

1.浇水：喜湿怕干。生长期茎叶生长迅速，需给予充足水分，并每天向叶面喷水。冬季低温时盆土要保持稍干燥，水分过多会引起落叶。

2.施肥：半个月施肥1次，复合肥及有机肥交替施用，最好每年喷施2～3次0.2%的硫酸亚铁，防止缺铁。

3.繁殖：多用扦插法进行繁殖。

摆放技巧

可作为小型盆栽观赏，摆放在客厅、卧室、书房等处。温暖地区还可以整片栽培，作为公园、绿地和庭园的绿化点缀，枝叶还是插花的理想材料。

栗豆树

别名： 绿元宝、澳洲栗、元宝树、开心果

形态特征 栗豆树是常绿阔叶乔木植物，底部的两片子叶肥大且相互对称，形状就像两块元宝，所以又被称为“绿元宝”。奇数羽状复叶、小叶互生，叶形为披针状长椭圆形。栽培一年后，子叶会渐渐萎缩干扁。

习性

性喜温暖、湿润，怕干旱，要求通风良好、凉爽半阴的环境。

环境布置

1.光照：适宜在中等强度的散射光线下生长，能耐阴，忌烈日强光照射。盛夏35℃以上时需要注意避阳及通风。

2.温度：生长适温为22～30℃，越冬温度要保持在12℃以上。

3.土壤：适合种在疏松肥沃的壤土或沙质壤土中。盆栽可用腐叶土、田园土及适量有机肥混合配制营养土。

养护方法

1.浇水：浇水要“见湿见干”，生长期可每日浇1次水，保持土壤湿润，同时应经常向种球喷水，保持清洁，忌盆土积水。冬季保持盆土稍干，不干不浇，以防水多烂根。

2.施肥：应掌握“薄肥勤施”原则，10天施肥1次，以有机肥与复合肥交替施用。

3.繁殖：采用播种法进行繁殖。

摆放技巧

绿元宝树形奇特，寓意吉祥，适宜作为小型家居盆栽，摆放在案头、几架上，体现其植株的自然美，令人心旷神怡。大型植株还可以作为庭园观赏植物或行道树，是一种良好的绿化树种。

散尾葵

别名：黄椰子、紫葵

形态特征 散尾葵是常绿灌木或小乔木植物，丛生，基部分蘖较多，可生长至2～5米高。茎干光滑，黄绿色，叶痕明显。羽状复叶，小叶线形或披针形，叶形平滑细长。叶柄尾部稍弯曲，颜色亮绿。花期在3～4月，开金黄色小花。

习性

性喜温暖、湿润的半阴环境，怕冷，耐寒力弱。

环境布置

1.光照：忌强光暴晒，在室内栽培时宜摆放在较强散射光处，夏天需遮去50%的阳光。同时也较耐阴暗环境，但要定期移到室外光线较好的地方养护，以保持良好的观赏状态。

2.温度：生长适温为20～25℃。如果超过35℃或低于10℃，栽培管理稍有不当，脚叶就会由青变黄。

3.土壤：以疏松并含腐殖质丰富的土壤为宜。盆栽营养土可用腐叶土、泥炭土、河沙及有机肥混合配制。

养护方法

1.浇水：生长季节需经常保持盆土湿润，并向植株周围喷水，以保持较高的空气湿度。冬季应保持叶面清洁，可向叶面少量喷水或擦洗叶面。

2.施肥：每月施肥2～3次，以氮肥为主，配施磷、钾肥，也可使用有机肥。

3.繁殖：可采用播种、分株法进行繁殖。

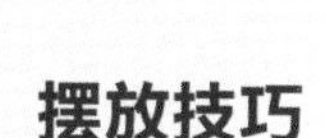

摆放技巧

散尾葵树形飘逸，极具热带风情，是优良的室内栽培观叶植物，适合摆放在客厅、餐厅、会议室、家庭居室、书房、卧室或阳台，南方温暖地区还可以种植于庭院内，作为室外观赏绿植。

也门铁

别名： 也门铁树

形态特征 也门铁是常绿小乔木植物，茎杆直立，株高可达4米。叶片苍翠碧绿，宽长似剑，中央有一道金黄色的宽条纹，自然弯曲成弓形。圆锥花序生于枝端，由许多白色的小花组成。

习性

性喜高温、多湿的环境，极耐阴，不耐寒。

环境布置

1.光照：喜半阴也耐阴，最好放在光线明亮有散射光处养护，夏季要避免阳光直射。

2.温度：生长适温为20～28℃。

3.土壤：以疏松、肥沃、排水良好的沙质壤土为佳。盆栽可用腐叶土、塘泥等栽培，也可用塘泥加适量菇渣混合制作栽培基质。

养护方法

1.浇水：生长季节宜保持土壤湿润。天气炎热季节还需每天向叶面喷雾保湿，见干见湿为宜，冬季适当控水。

2.施肥：10 天施肥1次，以含氮的复合肥为佳。注意施肥和浇水结合，防止烧根。

3.繁殖：多以组培繁殖，也可以扦插。

摆放技巧

也门铁叶姿优美，格调高雅，具有净化空气的作用，是室内绿色植物中最为耐荫的一类观赏植物。一般家庭可以摆放在客厅、卧室、书房内，显得格调高雅、质朴。

香菇草

别名：铜钱草、南美天胡荽、金钱莲、水金钱

形态特征 香菇草是多年生匍匐草本植物，茎细长，枝叶丛生，节间长出根和叶。叶柄较长，直直的根茎上顶着一片圆圆的叶片，叶缘带有滚边，叶面油亮翠绿富有光泽。夏、秋开黄绿色小花，蒴果近球形。

习性

性喜光照，喜温暖，耐阴、耐湿，稍耐旱。

环境布置

1.光照：喜光，栽培时不宜置于荫蔽的地方。光线过暗则植株徒长，生长不良，以每日接受4～6小时的光照为佳。

2.温度：生长适温为22～30℃，越冬温度不宜低于5℃。

3.土壤：以保水性良好的壤土为佳。盆栽可选用腐叶土、河泥及田园土配制的基质。栽培时宜选用无孔花盆，也适于水盆、水池栽培。

养护方法

1.浇水：经常保持盆土湿润。水养时一定要每周换水，并加上观叶植物专用营养液。

2.施肥：喜肥，在生长期每10天施肥1次，不宜过浓，以氮肥为主，配施磷、钾肥。冬季停止施肥。

3.繁殖：通常采用分株法进行繁殖。

摆放技巧

香菇草生长迅速，成形较快，适合小盆栽种，摆放在客厅、饭厅、卧室、书房等处，也可作水体岸边丛植、片植，是庭院水景造景，尤其是景观细部设计的好材料。

姬凤梨

别名：蟹叶姬凤梨、紫锦凤梨、海星花

形态特征 姬凤梨是多年生常绿草本植物，地下部分有块状根茎。叶从根茎上密集丛生，每簇有数片叶子，水平伸展呈莲座状。叶片坚硬，呈条带状，边缘处有波浪状起伏，并长有软刺。品种可分为二色姬凤梨、虎斑姬凤梨、红叶姬凤梨。

习性

性喜高温、高湿的半阴环境，怕积水，不耐旱。

环境布置

1.光照：除冬季可接受全日照外，其他季节都应遮阴，给予40%～50%的透光率。

2.温度：生长适温为18～30℃。

3.土壤：以疏松、肥沃、腐殖质丰富、通气良好的沙质土壤为佳。盆栽可用腐叶土、河沙、园土配制营养土。

养护方法

1.浇水：掌握“见干见湿、宁干勿湿”原则，冬季保持土壤稍湿就行，以保证良好的通气性。空气干燥时，应注意向周围喷水，以提高空气湿度。

2.施肥：每半个月施肥 1 次，冬季停止施肥。

3.繁殖：常用播种、扦插和分株法进行繁殖。

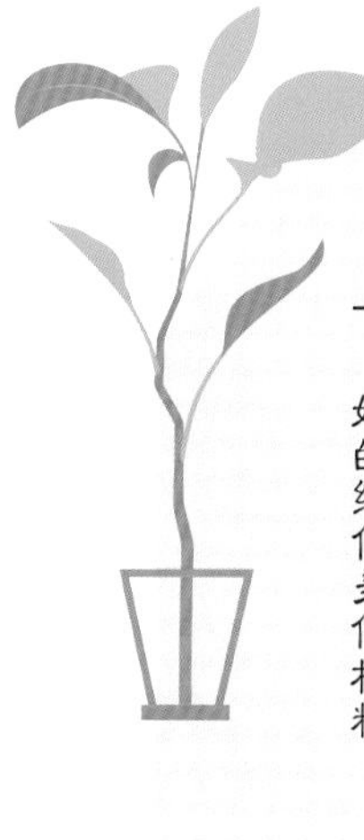

摆放技巧

姬凤梨株形规则，色彩绚丽，适宜作几案、窗台等处的观赏装饰，是优良的室内观叶植物。也可作为旱生盆景、瓶栽植物的一部分，亦可在室内作吊挂植物栽培或栽植于室外架上、假山石上等，是较好的绿化美化材料。

花叶垂榕

别名：垂枝榕

形态特征 花叶垂榕是常绿灌木植物，植株可高达1～2米。分枝较多，有下垂的枝条。叶子互生，叶脉和叶缘处有不规则的黄色斑块。常见的栽培品种有斑叶垂榕、黄金垂榕、金公主垂榕等。

习性

性喜温暖、湿润、光照充足的环境，较耐阴，不耐寒。

环境布置

1.光照：夏季高温期间在室外须适当遮阴，其他时间不需遮阴。

2.温度：生长适温为13～30℃，越冬最低温度为8℃。

3.土壤：盆栽以通透性良好的沙质壤土为佳。盆栽营养土可用腐叶土、田土、河沙混合配制。

养护方法

1.浇水：需水量较大，生长旺盛期要充分浇水，保持土壤湿润，并在叶面上多喷水，以保持较高的空气湿度。越冬期需要控制水量。

2.施肥：生长期间每月施1～2次复合肥，以促进枝叶生长繁茂。

3.繁殖：常用扦插和嫁接进行繁殖。

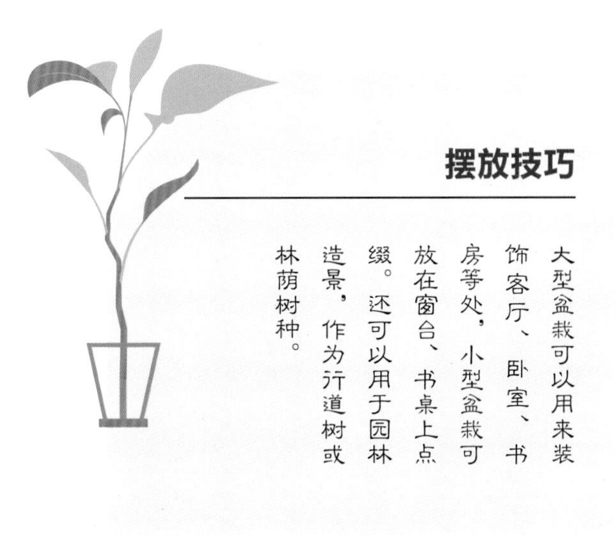

摆放技巧

大型盆栽可以用来装饰客厅、卧室、书房等处，小型盆栽可放在窗台、书桌上点缀。还可以用于园林造景，作为行道树或林荫树种。

虎尾兰

别名：虎皮兰、千岁兰、虎尾掌、锦兰

形态特征 虎尾兰是多年生草本植物，地下部分有横走的根状茎，地上无茎。叶子簇生，外形挺拔直立呈剑形，两面均有不规则的暗绿色云层状横纹，看起来就像老虎的尾巴。常见的栽培品种有金边虎尾兰、短叶虎尾兰、金边短叶虎尾兰、美叶虎尾兰等。

习性

性喜温暖、阳光充足的环境，也耐半阴，耐旱，但不耐寒。

环境布置

1.光照：适合摆放在相对充足光线下，不宜长时间处于阴暗处，否则叶子会发暗，缺乏生机。

2.温度：生长适温为20～30℃。

3.土壤：以排水良好的沙壤土为佳。盆栽可选用塘泥、腐叶土、泥炭等作栽培基质。

养护方法

1.浇水：掌握“见干见湿”原则，待表土干燥后浇1次透水。冬季减少浇水量，保持土壤稍干燥。

2.施肥：一般半个月浇1次速效性复合肥即可，冬季停止施肥。

3.繁殖：一般采用扦插及分株法进行繁殖。

摆放技巧

虎尾兰株形和叶色变化较大，外形精美别致，对环境的适应能力强，还能吸收屋内的甲醛等有害气体，非常适合家庭养植，适合布置装饰书房、客厅、卧室等场所，可供较长时间欣赏。

孔雀木

别名： 手树

形态特征 孔雀木是常绿灌木或小乔木植物，可长至3米高。叶面革质，暗绿色，形状就像一根根细长的手指，叶缘有向上的粗锯齿。小叶7～11片，呈放射状着生，交错排列。老株的成熟叶片会逐渐变大、变绿、叶缘锯齿不明显。

习性

性喜温暖、湿润的环境，不耐寒。

环境布置

1.光照：夏季要适当遮阴，秋、冬季要多晒。

2.温度：生长适温为18～23℃，冬季应不低于5℃。特别注意温度不能忽高忽低，植株易受冻害。

3.土壤：以肥沃、疏松的壤土为佳。盆栽培养土可用腐叶土、园土、河沙混合配制。

养护方法

1.浇水：生长季节浇水量要适宜，忌过干或过湿，最好在盆土稍干时再彻底浇水，掌握“见干见湿”原则。在天气较炎热的季节，应向植株喷雾保湿。

2.施肥：生长季半个月施肥1次，最好以稀薄饼肥水及有机肥交替施用。秋季增施磷、钾肥，增加其抗寒力。冬季生长缓慢，应适当控水并停止施肥。

3.繁殖：一般采用扦插法进行繁殖。

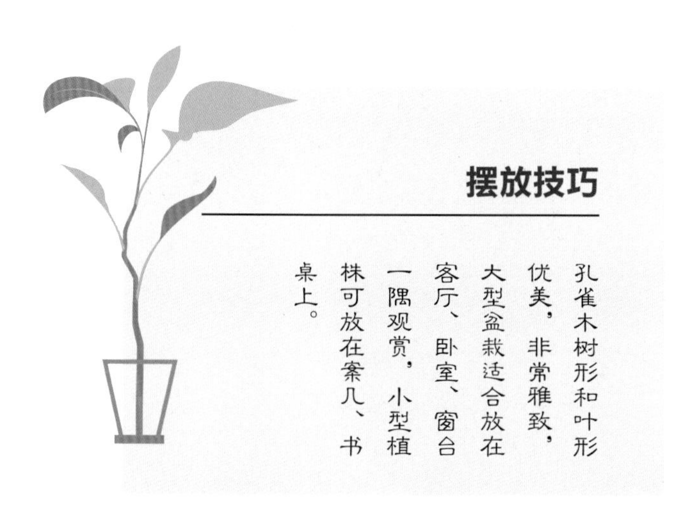

摆放技巧

孔雀木树形和叶形优美，非常雅致，大型盆栽适合放在客厅、卧室、窗台一隅观赏，小型植株可放在案几、书桌上。

吊竹梅

别名：吊竹草、吊竹兰

形态特征 吊竹梅是多年生常绿草本植物，茎蔓生，多分枝，节上有根。叶子互生，无柄，呈长圆形，叶端尖，基部钝，边缘光滑。全叶绿色，有纵长的紫红色和银白色条斑，叶背为紫红色，开紫红色花朵。

习性

性喜温暖 、湿润的环境，不耐寒，不耐旱，耐水湿，较耐阴。

环境布置

1.光照：冬季应摆放在阳光下养护，春、夏、秋阳光较强的季节要适当遮阴。但长时间放在过阴处，常会导致茎叶徒长，叶色变淡。

2.温度：生长适温为15～25℃，越冬温度不能低于10℃。

3.土壤：以肥沃、疏松的壤土为佳。盆栽多用腐叶土（泥炭）、园土等量混合制作培养土。

养护方法

1.浇水：在生长季节，待表土约2.5厘米深处干时再进行浇水。盆土稍干，叶色会更鲜艳。在冬季休眠期，待盆土一半干时再进行适量浇水。

2.施肥：生长旺盛时期10天追施1次液肥，以氮肥为主，冬季停止施肥。

3.繁殖：以扦插及分株法为主。

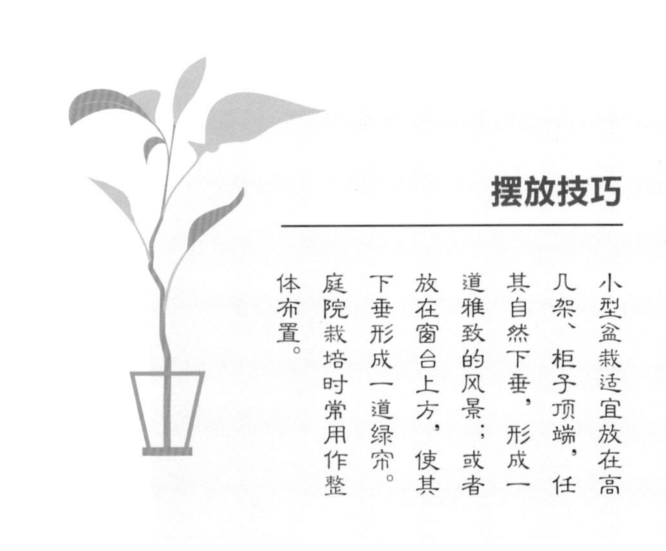

摆放技巧

小型盆栽适宜放在高几架、柜子顶端，任其自然下垂，形成一道雅致的风景；或者放在窗台上方，使其下垂形成一道绿帘。庭院栽培时常用作整体布置。

文竹

别名：云片竹、山草、刺天冬

形态特征 文竹是多年生草本植物， 在自然状态下可以生长至数米高。茎部光滑柔细，分枝极多，上面生长着许多纤细、水平伸展的叶子，叶色常年翠绿。9～10月时开白色小花，浆果熟时呈现紫黑色，有1～3颗种子。

习性

性喜温暖、湿润的半阴环境，不耐干旱及霜冻。

环境布置

1.光照：夏季忌阳光直射，应放在阴凉通风之处。盆栽时，晴天适宜放于室外接受阳光，利于其进行光合作用。

2.温度：生长适温为15～25℃，冬季温度应保持5℃以上，以免受冻。

3.土壤：以富含腐殖质、排水良好的沙质壤土为佳。盆栽营养土可用腐叶土、园土、沙、厩肥混合配制。

养护方法

1.浇水：要视天气、长势和盆土干湿情况而定，做到“不干不浇，浇则浇透”。在天热干燥时，可用水喷洒叶面的方式增湿降温，冬天少浇水。

2.施肥：在生长季节，10天施肥1次，以复合肥及有机肥交替施用为佳。

3.繁殖：采用播种或分株法进行繁殖。

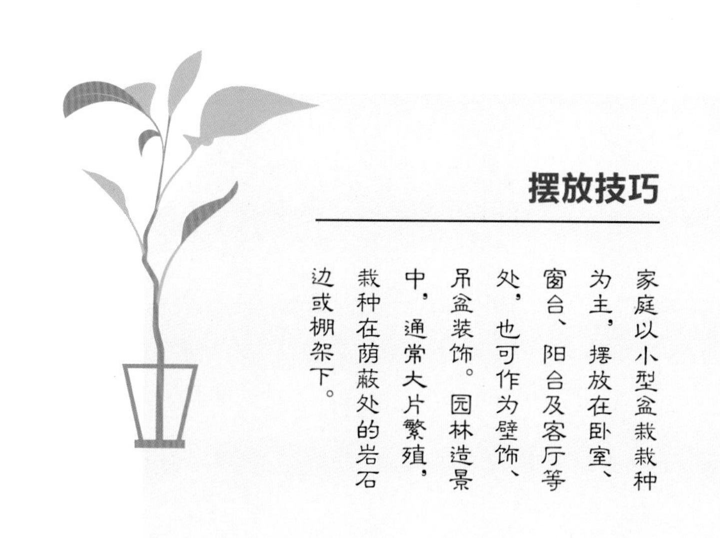

摆放技巧

家庭以小型盆栽栽种为主，摆放在卧室、窗台、阳台及客厅等处，也可作为壁饰、吊盆装饰。园林造景中，通常大片繁殖，栽种在荫蔽处的岩石边或棚架下。

猪笼草

别名：猪仔笼、猴水瓶、猴子埕、雷公壶

形态特征 猪笼草是多年生半木质常绿藤本植物，可生长至1.5米高。叶子互生，长椭圆形，通常在枝叶间长出一个个形似猪笼的花苞，上面有盖，绿色为主，带有褐色或红色的斑点和条纹。瓶状体的瓶盖复面能分泌出特殊香味，用于诱捕昆虫。

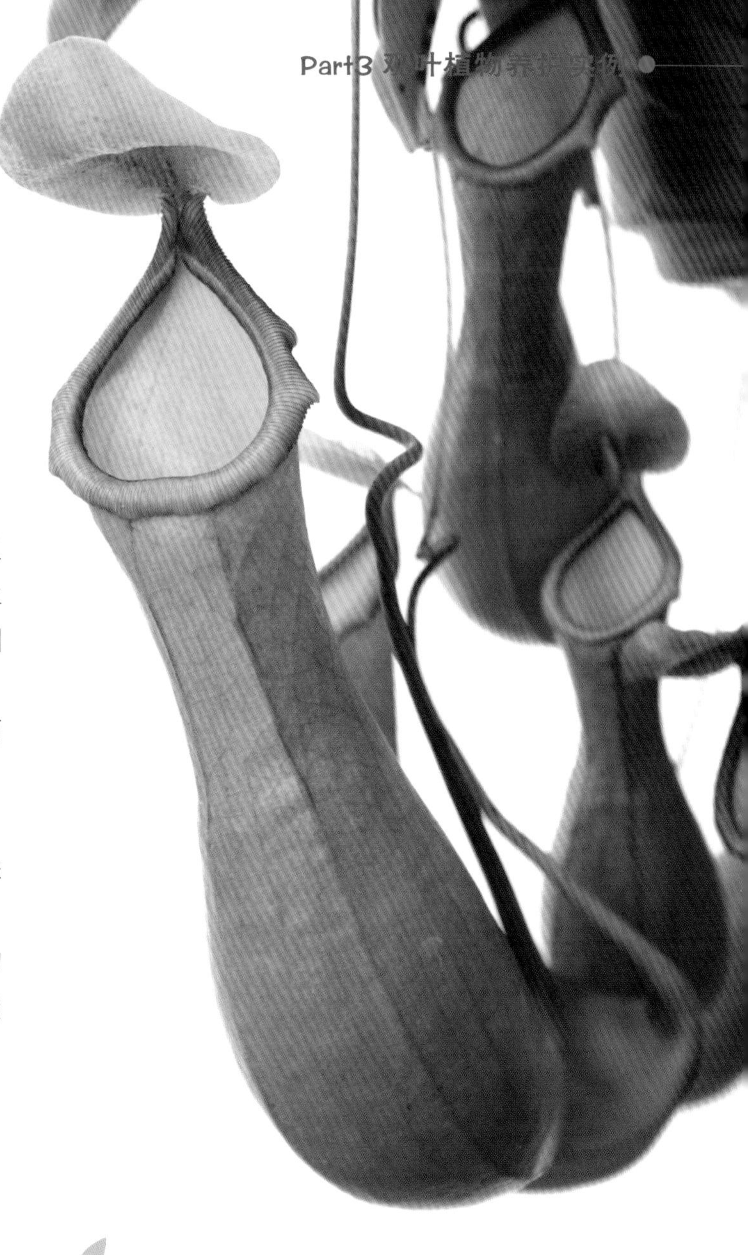

习性

性喜高温、多湿的半阴环境。

环境布置

1.光照：喜光线充沛的环境，又怕强光直射。盛夏时期须遮阴，防止强光直射灼伤叶片。秋、冬季应放阳光充足处，有利于叶笼的生长发育。若长期处在阴暗处，叶笼形成慢而小，笼面色泽暗淡。

2.温度：生长适温为25～30℃，冬季温度不低于16℃，15℃以下植株停止生长。

3.土壤：以疏松、肥沃和透气的腐叶土或泥炭土为佳。盆栽常用泥炭土、木炭等配成的混合基质。

养护方法

1.浇水：喜水，在生长季节要勤浇水，保持盆土湿润，并经常喷雾以保持高湿环境。

2.施肥：生长期每月施肥1～2次，以复合肥为主，交替施用有机肥更佳。

3.繁殖：可用扦插、压条、播种和组织培养法进行繁殖。

摆放技巧

猪笼草株型奇特，观赏性强，是良好的科普教育素材。家庭栽种时不宜放在卧室内，因为猪笼草在捕食时会散发出异味。适宜悬挂在阳台处，既能起到美化装饰效果，又能有效捕食蚊虫。

金琥

别名： 象牙球、黄刺金琥

形态特征 金琥是多年生有刺肉质植物，单生或丛生，可生长至1米宽。其外形为一个浑圆碧绿的球体，外层密布钢硬的金黄色硬刺，球体顶部还长有一圈金黄色的绒毛。6～10月开花，开在球顶部的绵毛丛中。栽培中还有几个主要变种，如狂刺金琥、白刺金琥、金琥锦等。

习性

性喜阳光充足、温暖的环境，耐旱，不耐低温。

环境布置

1.光照：每天至少需要6个小时的太阳光照。夏季适当遮阴，但不能遮阴过度，否则球体会变长，降低观赏价值。

2.温度：生长适温为25～30℃，越冬温度不要低于 8℃。

3.土壤：以肥沃、透水性好的石灰质沙壤土为佳。盆栽基质多用粗沙、腐叶土、菜园土、少量石灰质材料及腐熟的有机肥混合配制。

养护方法

1.浇水：忌盆土过湿，在生长季节保持土壤稍湿润即可。雨季注意排水，积水易导致腐烂。冬季严格控制浇水，不能让盆土过分干燥。

2.施肥：一般半个月施1次稀薄的饼肥水，也可施用复合肥。冬季球体休眠，此时应停止施肥。

3.繁殖：可采用播种、切顶、嫁接等方法进行繁殖。

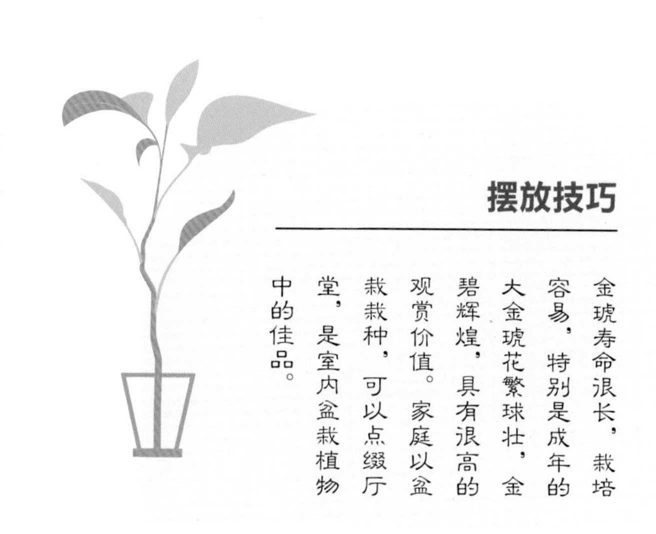

摆放技巧

金琥寿命很长，栽培容易，特别是成年的大金琥花繁球壮，金碧辉煌，具有很高的观赏价值。家庭以盆栽栽种，可以点缀厅堂，是室内盆栽植物中的佳品。

捕蝇草

别名： 捕虫草、食虫草、草立珠、苍蝇草

形态特征 捕蝇草是多年生草本植物，叶子互生，叶色淡绿或红色。叶片的形状像贝壳，由两片中脉相连的圆裂片组成，边缘长有规则状的刺毛。当昆虫接触到叶片后，叶片就会迅速关闭并产生黏液，将其消化。

习性

性喜温暖、湿润的环境，要求较高的空气湿度，喜阳光。

环境布置

1.光照：春、冬两季可见全光照，夏、秋阳光强烈时应适当遮光。

2.温度：生长适温为15～32℃。

3.土壤：对土质要求较严，适宜置于疏松透气富含腐殖质的土壤。目前栽培多选用没有添加肥料的泥炭，再加适量珍珠岩混合作为栽培基质，也可用水苔栽培。栽培前，调整基质的酸碱性，以微酸性为佳。

养护方法

1.浇水：浇水多采用浸盆法，即将花盆浸入纯净水中，待基质表面湿润再拿出。天气较干燥时，需向植株喷水保湿。

2.施肥：根系不耐盐，如果施入的肥料过多，可能导致基质盐离子浓度提高，易使植株死亡。肥料可选择氮肥较高的复合肥，半个月施用1次，施肥量为正常施肥量的 1/5。

3.繁殖：常采用叶插法，也可取其侧芽进行分株栽培。

摆放技巧

捕蝇草外形奇特，叶片具有捕食昆虫的功能，是很受欢迎的食虫植物，适宜摆放在向阳窗台和阳台，也可放在栽植槽培养。

黑叶观音莲

别名：黑叶芋、观音莲

形态特征 黑叶观音莲是多年生常绿草本植物，叶片墨绿色，上面长有明显的白色叶脉，形状就像盾牌，边缘呈宽齿状。肉穗状花朵呈白色，会结红色浆果，初夏时开花。

习性

性喜温暖、湿润的半阴环境，耐寒力差，忌土壤干燥。

环境布置

1.光照：喜半阴，切忌强光暴晒。在半阴环境下，叶色鲜嫩而富有光泽，叶脉清晰，叶色深绿。

2.温度：生长适温为25～30℃。

3.土壤：以疏松肥沃和排水良好者为佳。盆栽可用腐叶土、园土和河沙等量混合配制基质。

养护方法

1.浇水：生长旺盛期要维持土壤湿润及较高的空气湿度，给予充分的水分，特别是夏季高温期，叶片水分蒸发量大，需经常向叶面喷水及保持土壤湿润。

2.施肥：可根据植株的生长情况进行施肥，一般每月施1～2次稀薄液肥或复合肥。复合肥以氮肥为主，配施磷、钾肥，以利于植株茎干直立，生长健壮，氮肥过多则植株徒长，抗性弱。

3.繁殖：采用分株及组织培养的方式进行繁殖。

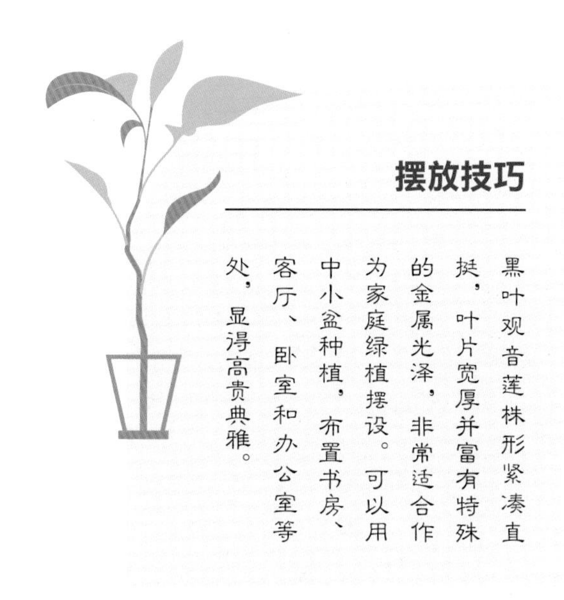

摆放技巧

黑叶观音莲株形紧凑直挺，叶片宽厚并富有特殊的金属光泽，非常适合作为家庭绿植摆设。可以用中小盆种植，布置书房、客厅、卧室和办公室等处，显得高贵典雅。

荷叶椒草

别名：椒草、圆叶椒草

形态特征 荷叶椒草是多年生常绿草本植物，株高15～20厘米。叶子呈倒卵形，肉质，边缘光滑，叶面富有光泽，有皮质的感觉。穗状花序，花灰白色。

习性

性喜温暖、湿润的半阴环境，不耐旱，不耐寒。

环境布置

1.光照：适应放在半阴的环境下，不可在强光下栽培，以防灼伤叶片。

2.温度：生长适温为20～28℃，10℃以下会停止生长，5℃以下会受冻害。

3.土壤：对土质要求较高，以肥沃、排水良好的沙质壤土为佳。盆栽用土多用腐叶土与河沙配制，也可用泥炭土加珍珠岩混合配制。

养护方法

1.浇水：生长期需保持土壤湿润，每天浇水1次。天气干燥季节还应向叶面喷水，保持空气湿润，以保持叶色翠绿。

2.施肥：每月施肥1～2 次，以氮肥为主，配施磷、钾肥。

3.繁殖：以分株和叶插法为主。

摆放技巧

荷叶椒草叶色靓丽，观赏性强，是优良的室内观叶植物。盆栽可以用来装饰书房、卧室、阳台及窗台等处。

红雀珊瑚

别名：洋珊瑚、拖鞋花、百足草、红雀掌

形态特征 红雀珊瑚是多年生草本植物，株高40～70厘米。枝条肉质，颜色鲜绿，呈“之”字扭曲状。叶子椭圆形，叶面不整齐，边缘波形。聚伞花序顶生，总苞左右对称，呈鲜红色或紫色。

习性

喜温暖，耐阴，在半阴环境下有利于开花，不耐寒。

环境布置

1.光照：室内养护时，尽量放在有明亮光线的地方。在强光下叶色偏红，在半阴下偏绿。

2.温度：生长适温为20～30℃，冬季室温应保持10℃以上。

3.土壤：不择土壤，以排水良好、肥沃的沙质土壤为宜。盆栽多选用腐叶土或塘泥栽培。

养护方法

1.浇水：生长期间要控制浇水量，保持土壤稍湿润即可。一般待土壤干燥后再浇1次透水。

2.施肥：对肥料要求不高，每月施肥1～2次，化肥及有机肥均可，以氮肥为主，适当配施复合肥。

3.繁殖：采用播种或扦插法进行繁殖。

摆放技巧

红雀珊瑚茎干翠绿，且有规律地弯曲，株型颇为奇特。总苞鲜艳欲滴，形似小鸟的头冠，显得美丽秀雅，适合摆设在客厅、卧室、书房等处。

青苹果竹芋

别名： 圆叶竹芋

形态特征 青苹果竹芋是多年生常绿草本植物，株高40～60厘米，根状茎直接出叶。叶子大而薄，革质，整体呈椭圆形，叶尖钝圆，边缘波状，沿侧脉长有排列整齐的银灰色宽条纹。新叶翠绿色，老叶青绿色，带有金属光泽。

习性

性喜高温、多湿的半阴环境，畏寒冷，忌强光、干燥。

环境布置

1.光照：喜半阴，忌强光暴晒。仲春到仲秋期间要求遮阴，冬季给予补充光照。阳光过强易使叶色苍白干涩，甚至灼伤叶片，过弱则会使叶质变得薄而暗淡无光泽。

2.温度：生长适温为18～30℃。

3.土壤：对土壤有一定要求，以疏松肥沃、排水良好、富含有机质的微酸性土壤为佳。盆栽多用腐叶土或泥炭土加适量珍珠岩混合配制营养土。

养护方法

1.浇水：生长旺期每天浇水1次，并喷水保湿。冬季控制浇水，维持盆土稍干。

2.施肥：喜肥，每周施肥1次，最好是复合肥与有机肥交替施用，忌长期施用氮肥。

3.繁殖：采用分株和组培法进行繁殖。

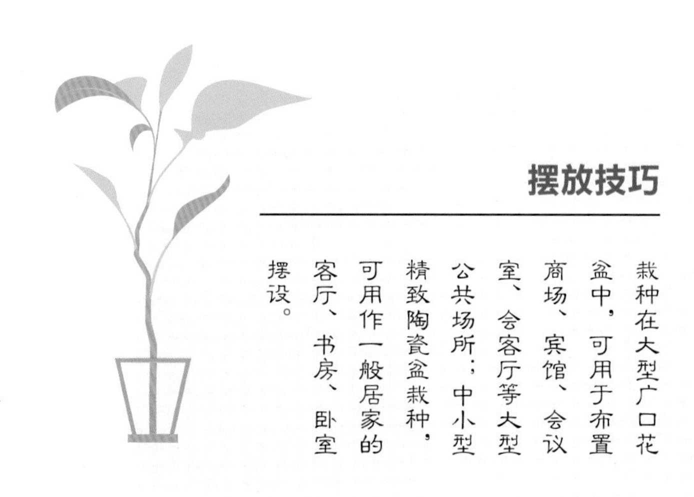

摆放技巧

栽种在大型广口花盆中，可用于布置商场、宾馆、会议室、会客厅等大型公共场所；中小型精致陶瓷盆栽种，可用作一般居家的客厅、书房、卧室摆设。

马齿苋树

别名：金枝玉叶、银杏木、小叶玻璃翠

形态特征 马齿苋树是多年生常绿肉质灌木植物，嫩茎绿色，老茎浅褐色，阳光下呈玫瑰红色，节间明显，分枝近水平。叶片对生，肉质，呈倒卵状三角形。叶面光滑鲜亮，富有光泽。小花淡粉色。

习性

性喜温暖、干燥和阳光充足的环境，不耐寒，耐半阴、干旱。

环境布置

1.光照：放在室外光照充足、空气流通处养护，可使株形紧凑，叶片光亮、小而肥厚。夏季高温时可适当遮光，以防烈日暴晒，并注意通风。

2.温度：生长适温为20～32℃，冬季温度不低于10℃。

3.土壤：不择土壤，以排水良好的沙壤土为佳。盆栽多选用腐叶土栽培，也可用泥炭加适量珍珠岩配制成营养土。

养护方法

1.浇水：在生长期需水量稍大，做到“不干不浇，浇则浇透”，避免盆土积水。冬季严格控制水分，使盆土略显干燥。

2.施肥：对肥料要求不高，半个月施用1次以氮肥为主的肥料即可，也可施用有机肥。

3.繁殖：主要采用扦插法进行繁殖。

摆放技巧

马齿苋树造型容易，多分枝，老茎苍劲具古朴之感，适合摆放在客厅、书房、卧室、阳台等处。栽于小盆中，并配以奇石，即可成为玲珑可爱、精巧别致的微型盆景。

吊兰

别名： 挂兰、垂盆草、兰草、折鹤兰、钓兰

形态特征 吊兰是多年生常绿草本植物，叶片细长柔软，四季常绿。叶腋中不时抽生出小植株，向四周舒展散垂，形似展翅跳跃的仙鹤。夏季开小白花，花蕊黄色。常见的栽培品种有金边吊兰、金心吊兰、银边吊兰、宽叶吊兰等。

习性

性喜温暖、湿润的半阴环境，忌强光直射，较耐旱，不耐寒。

环境布置

1.光照：对光线要求不严，一般可在中等光线条件下生长，亦耐弱光。

2.温度：生长适温为15～28℃。

3.土壤：对土壤有一定的要求，以肥沃、疏松、排水良好的沙质土壤为佳。盆栽可选用腐叶土、塘泥及泥炭等栽培，也可用腐叶土、田土及珍珠岩等混合配制营养土。

养护方法

1.浇水：应保持盆土湿润，特别是干燥的季节不仅要保持土壤有充足的水分，还要每天定期向叶面喷水保湿。土壤及空气湿度过低时，叶片容易干尖。

2.施肥：对肥料要求不高，10～15天施肥1 次，以氮肥为主，配施磷、钾肥。

3.繁殖：可采用扦插、分株、播种等方法进行繁殖。

摆放技巧

吊兰能净化空气，是植物中的“甲醛去除之王”。可盆栽摆设在室内，也可作为架上观赏植物或吊挂装饰。

绿萝

别名： 黄金葛、魔鬼藤、黄金藤

形态特征 绿萝是多年生常绿藤本植物，多分枝，常攀援生长在岩石和树干上，最高可以长到20米。茎蔓粗壮，茎节处有气根，幼叶卵心形，成熟的叶片则为长卵形，浓绿的叶面上通常镶嵌着黄白色不规则的斑点或条斑。

习性

性喜半阴、湿润的环境，不耐旱。

环境布置

1.光照：避免阳光直射，阳光过强会灼伤叶片，过阴会使叶面上的斑纹消失。通常每天接受4小时的散射光，对其生长发育最好。

2.温度：生长适温为15～25℃。

3.土壤：对土壤有一定要求，以疏松、富含有机质的微酸性土和中性沙壤土为佳。盆栽可用腐叶土、田土、珍珠岩等混合配制基质，商业生产多用泥炭栽培。

养护方法

1.浇水：生长期要保持土壤湿润，干燥季节要向植株喷水，保持空气湿润。冬季防止盆土积水，低温高湿易致根系腐烂。

2.施肥：生长期每月施肥1～2次，以氮肥为主。入冬前增施磷、钾肥，增强植株的抗性。

3.繁殖：主要采用扦插法进行繁殖。

摆放技巧

绿萝叶色斑斓，四季常绿，小型盆栽适合装点客厅、阳台、窗台、书房及卧室等处，大型植株可作室外墙面、墙垣、树干绿化，也可种植在林荫下做地被植物。

波浪竹芋

别名： 浪星竹芋、剑叶竹芋

形态特征 波浪竹芋是多年生常绿草本植物，株高20～50厘米。叶子丛生，叶面绿色富有光泽，叶缘和侧脉有波浪状起伏，叶背、叶柄为紫色。

习性

性喜湿润的半阴环境，不耐寒。

环境布置

1.光照：不耐阳光直射，耐阴，不可让阳光直接晒到，只要光线明亮即可。

2.温度：生长适温为20～28℃。

3.土壤：以肥沃、排水良好的腐叶土或泥炭土为佳。盆栽多用腐叶土或草炭土加少量的粗沙或珍珠岩混合配制营养土。

养护方法

1.浇水：对水分反应较为敏感，生长期应充分浇水，以保持盆土湿润，但不宜积水。新叶生长期应经常向植株喷水，保持空气湿度在70%～90%。

2.施肥：新叶的生长期需肥量较大，10天施1次腐熟的稀薄液肥或复合肥。夏季和初秋每20～30天施肥1次，肥时注意氮肥、磷肥及钾肥配合施用，以氮肥为主。

3.繁殖：可结合换盆进行分株，若大量繁殖，可采用组培法。

摆放技巧

可根据植株的大小作不同规格的盆栽，用来装饰客厅、居室、阳台等处。气候较为温暖的地区还可以用来布置花坛等园林景观，或作为庭院植物栽培观赏。

金钻蔓绿绒

别名：喜树蕉、翡翠宝石、金钻

形态特征 金钻蔓绿绒是多年生常绿草本植物，气生根极发达粗壮，不开花。叶片宽大，形状如手掌，表面富有光泽，叶柄长而粗壮。将其布置室内，显得大方清雅，富于热带雨林气息。

习性

性喜温暖、湿润的半阴环境，畏严寒，忌强光。

环境布置

1.光照：宜放置在半阴处。夏季避免烈日直射，防止灼伤叶片。

2.温度：生长适温为20～30℃。

3.土壤：在富含腐殖质排水良好的沙质壤土中生长为佳。盆栽多用泥炭、珍珠岩混合配制营养土。

养护方法

1.浇水：生长期要经常保持盆土湿润，忌过于干燥。夏、秋两季空气干燥时，应向植株喷水保湿、降温。

2.施肥：喜肥，生长旺期每月施肥水2～3次，忌偏施氮肥，否则会造成叶柄长而软弱，不易挺立，影响观赏效果。

3.繁殖：可用分株法，目前多用组培大量繁殖。

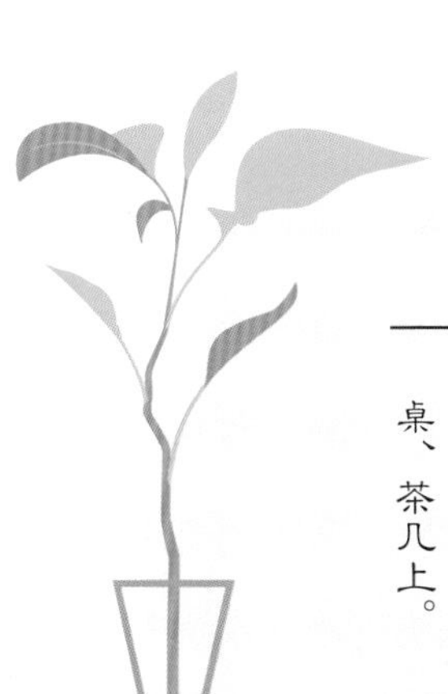

摆放技巧

金钻蔓绿绒生命力极强，具有净化空气的作用。大型植株适合摆放在客厅、宾馆大堂、办公室等处，小型植株适合放在居室的书桌、餐桌、茶几上。

铁线蕨

别名： 铁丝草、铁线草

形态特征 铁线蕨是多年生常绿草本植物，株高15～40 厘米，因茎细长坚硬，颜色似铁丝而得名。叶片小巧，深绿色，叶形近圆形或扇形。常见的变种有荷叶铁线蕨、肾叶铁线蕨等。

习性

性喜温暖、湿润的半阴环境，不耐寒，不耐旱。

环境布置

1.光照：适宜生长在明亮的散射光下，忌阳光直射，光线太强会使叶片枯黄甚至死亡。

2.温度：生长适温为18～25℃，越冬温度应不低于10℃。

3.土壤：喜疏松、肥沃和含石灰质的沙质壤土。盆栽可选用富含腐殖质的泥炭土或腐叶土，再加少量的粗沙混合配制的营养土。

养护方法

1.浇水：对湿度要求较高，生长季节要充分浇水，保持土壤湿润。夏、秋高温季节还应每天向叶面喷水保湿。冬季要保持盆土稍干燥，不可过湿。

2.施肥：对肥料要求不高，生长期半个月施液肥1次即可。苗期可追加施氮肥，成株配施磷、钾肥。

3.繁殖：常用分株法或孢子繁殖法。

摆放技巧

铁线蕨栽培容易，适应性强，是良好的室内观叶植物。小盆栽可放在案头、茶几上，较大盆栽可以用来布置背阴房间的窗台、过道或客厅，叶片还可做切叶材料及干花材料。

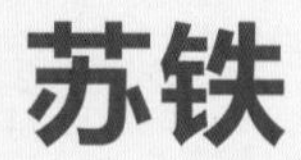

苏铁

别名：铁树、 凤尾蕉、凤尾松、避火蕉

形态特征 苏铁是常绿木本植物，可生长至2米高，全株呈伞形。茎干圆柱状，不分枝。叶从茎顶部生出，分为营养叶和鳞叶，营养叶阔大呈羽状，大鳞叶短而细长。雌雄异株，花形各异，雄花长椭圆形，雌花扁圆形，它的花其实就是种子。

习性

性喜暖热、湿润的环境，不耐寒冷，稍耐半阴，生长甚慢。

环境布置

1.光照：喜光照，四季均需放在阳光充足处养护。盛夏高温时宜放置在通风的阴凉处，新叶抽生期也不宜放于烈日下暴晒，否则叶片会灼伤枯黄。

2.温度：生长适温为20～30℃，越冬温度不宜低于5℃。

3.土壤：以肥沃、疏松、微酸性的沙质壤土为佳。盆栽可用腐叶土、田园土加适量河沙混合配制营养土。

养护方法

1.浇水：春、夏两季为苏铁生长的旺盛季节，要保持土壤湿润，并经常向植株喷水，增加空气湿度。特别是新叶抽生时，宜保持较高的空气湿度。冬季控水，不可过湿。

2.施肥：对肥料要求不高，半个月施肥1次，复合肥及有机肥交替施用，冬季停止施肥。

3.繁殖：可采用播种、分蘖、切干等方法。播种生长速度慢，切干繁殖量有限，现多采用分蘖法。

摆放技巧

苏铁树形古雅，主干粗壮，四季常青，幼株常作为室内盆栽观赏，适合摆放在客厅、书房、阳台等处，大型盆栽可以用来布置庭院、屋廊。

橡皮树

别名： 印度橡皮树、印度榕

形态特征 橡皮树是常绿灌木或乔木植物，室外栽种可生长至20～30米高。全株光滑，主干明显，少分枝，长有气根。叶片较大，长椭圆形，厚革质。叶色翠绿，有金属般的墨绿色质感，嫩叶红色。常见的栽培品种的有金边橡皮树、花叶橡皮树等。

习性

性喜温暖、湿润、阳光充足的环境，耐阴，不耐寒。

环境布置

1.光照：不宜放在阳光下暴晒，适宜放在明亮的散射光下养护，有一定的耐阴能力。5～9月应进行遮阴，或将植株置于散射光充足处，其余时间给予充足的阳光照射。

2.温度：生长适温为20～30℃。

3.土壤：以肥沃的腐叶土或沙质培养土为佳。盆栽可选用泥炭土、腐叶土加适量有机肥及河沙配制成营养土，以微酸性为佳。

养护方法

1.浇水：夏、秋两季气候干燥，要注意浇水，保持土壤湿润，最好向叶片喷水保湿。入冬后要控制浇水，保持土壤稍干燥，过湿可能会导致根系腐烂。

2.施肥：对肥料要求不高，生长季节每10天施用1次复合肥即可，冬季停止施肥。

3.繁殖：多采用扦插法，也可采用高压法及叶插法进行繁殖。

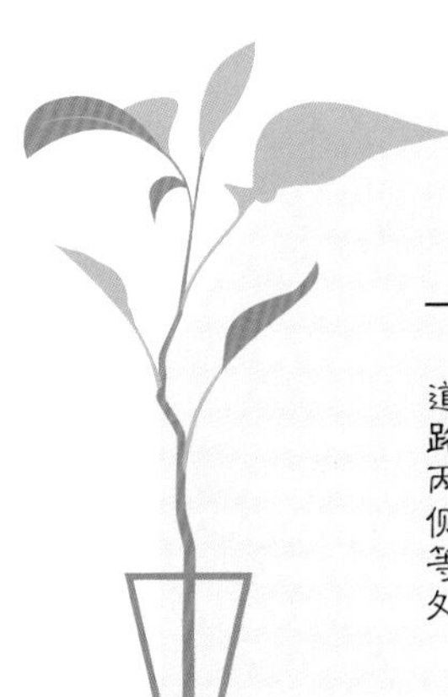

摆放技巧

橡皮树株形优美，常用作庭院树或盆栽观叶植物。盆栽可点缀宾馆大堂和家庭的客厅、阳台、天台及卧室一角，园林中常种植在建筑物前、花坛中心和道路两侧等处。

棕竹

别名： 筋头竹、观音竹

形态特征 棕竹是丛生灌木植物，茎干直立，可生长至1～3米高。茎纤细如手指，不分枝，有叶节，包以有褐色网状纤维的叶鞘。叶片为掌状，深裂成4～10片不均等。常见栽培的同属植物有金叶棕竹及多裂棕竹。

习性

性喜温暖、通风良好的半阴环境，不耐积水，极耐阴，畏烈日。

环境布置

1.光照：避免强光直射或光照长期过低，夏季炎热、光照强时应适当遮阴。

2.温度：生长适温为15～30℃。

3.土壤：以深厚、肥沃的酸性土壤为佳。盆栽用土可以用泥炭土、腐叶土加少量珍珠岩和基肥混合配制。

养护方法

1.浇水：喜湿也耐旱，在生长旺盛季节宜充足供水，使盆土保持湿润。春、秋两季适当控制水分，土壤过湿或积水易引起根系腐烂。

2.施肥：喜肥，生长季节每周施肥1次，有机肥及复合肥均可，最好配合氮、磷、钾肥。

3.繁殖：多用播种及分株法进行繁殖。

摆放技巧

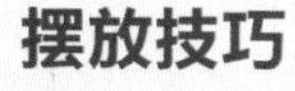

棕竹姿态秀雅，翠杆亭立，四季常青，适宜布置客厅、书房及卧室，也可用于室外园林绿化，枝叶还可作插花衬材。

彩叶草

别名：五色草、锦紫苏、五彩苏、老来少

形态特征 彩叶草是多年生草本植物，植株高40～90厘米。叶子对生，呈卵形或圆形，绿色衬底上有紫、粉红、红、淡黄、橙等彩色斑纹，有时也有杂色的品种。常在8～9月开花，花小，淡蓝或白色。

习性

性喜温暖、湿润、阳光充足的环境，耐寒性不强，耐半阴，忌积水。

环境布置

1.光照：喜阳光，也能耐半阴，忌烈日暴晒，夏季需适当遮阴。可在室内短期摆放，光线充足的情况下能使叶色保持鲜艳。

2.温度：生长适温为20~25℃，越冬气温不宜低于10℃。

3.土壤：以疏松肥沃的土壤为佳。盆栽可以腐叶土或塘泥为基质。

养护方法

1.浇水：喜湿润环境，夏季要浇足水，并经常向叶面喷水，保持一定的空气湿度。基质不宜长期过湿，过湿易徒长，植株抗性差。

2.施肥：定期追加适量的腐熟饼肥水，多施磷肥，少施氮肥，防止叶色变浅。

3.繁殖：采用播种、扦插法进行繁殖。

摆放技巧

彩叶草色彩鲜艳，品种甚多，繁殖容易，是一种应用较广的观叶花卉，可放在室内的矮几和窗台上观赏，也可以作为园林绿化、花篮或花束的配叶使用。

银苞芋

别名： 绿巨人、一帆风顺、巨叶大白掌

形态特征 银苞芋是多年生常绿草本植物，株高70～120厘米。茎短而粗壮，叶片宽大，呈椭圆形，叶色翠绿苍青。花期在春末夏初，花苞硕大如长勺，初开时白色，后转绿色，花色由浅而深直至凋谢。

习性

性喜温暖、湿润的半荫蔽环境，忌干旱、高温和阳光直射，较耐低温。

环境布置

1.光照：喜半阴的环境，5～9月应进行遮阴，遮去60%～70%的阳光。但也不宜过阴，光线太暗会使植株生长瘦弱、叶片下垂、叶色变淡，且不易开花。

2.温度：生长适温为18～25℃。

3.土壤：喜富含腐殖质、排水良好的中性或微酸性土壤。盆栽培养土可选用泥炭土、腐叶土、田园土及沙河等混合配制。

养护方法

1.浇水：在旺盛生长季节应注意浇水，保持土壤湿润。炎热季节要在叶面喷水，以降低温度及增加空气湿度。

2.施肥：喜肥，每10天施肥1次，以氮肥为主，最好与有机肥交替施用。冬季停止施肥。

3.繁殖：常采用分株法和组织培养法进行繁殖。

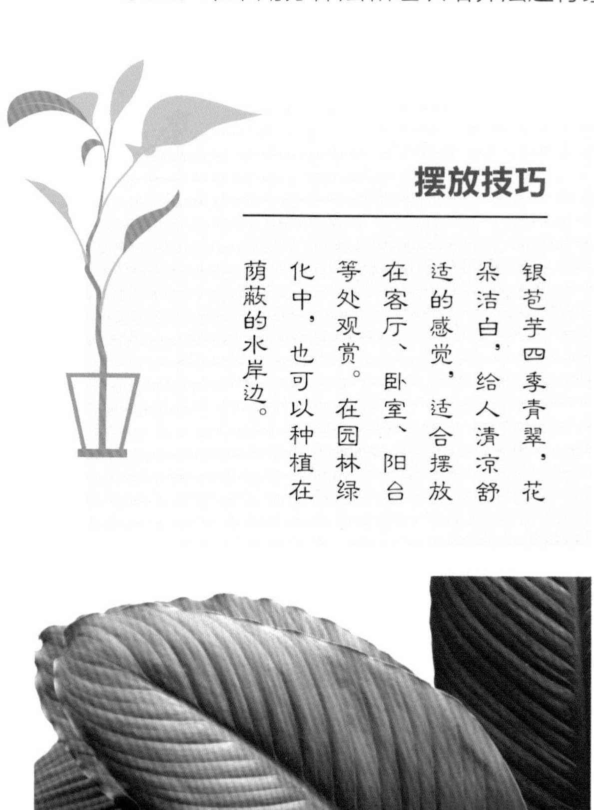

摆放技巧

银苞芋四季青翠，花朵洁白，给人清凉舒适的感觉，适合摆放在客厅、卧室、阳台等处观赏。在园林绿化中，也可以种植在荫蔽的水岸边。

雪花木

别名：彩叶山漆茎、五彩龙、白雪树

形态特征 雪花木是常绿小灌木植物，株高50～120厘米。小枝似羽状复叶，叶子互生，呈圆形或阔卵形，叶面上带有白色或乳白色斑点。叶子嫩时白色，成熟时绿色，带白斑，老叶绿色。夏、秋季节开花，花较小，有红色、橙色、黄白等。

习性

性喜高温、高湿的环境，耐寒性差，不耐干旱，喜光。

环境布置

1.光照：需全日照或半日照，不能长时间放置阴暗处，否则植株会徒长。

2.温度：生长适温为22～30℃。

3.土壤：以肥沃、疏松的沙质壤土为佳。盆栽可用腐叶土、塘泥等加适量河沙及有机肥混合配制的营养土。

养护方法

1.浇水：对水分要求较高，生长季节要保持土壤湿润。干热天气多向叶面喷水，以降温保湿。

2.施肥：生长季节每月施肥1～2次，以氮肥为主，配施磷、钾肥，如交替施用有机肥更佳，有利于植株生长。

3.繁殖：多用扦插法，也可以采用压条法，春季为适期。

摆放技巧

雪花木色彩明快，是优良的室内观叶树种，小型盆栽适合摆放在阳台、天台、案几上，也可作为室外的庭院绿化、美化植物。

大叶落地生根

别名： 宽叶不死鸟

形态特征 大叶落地生根是多年生肉质草本植物，高50～100厘米。叶片肥厚多汁，深绿或灰绿色，边缘有粗锯齿，每个锯齿间能自然长出两枚极小的圆形对生叶，对生叶下面又能长出一束纤细的气生根，落地后就能立即扎根生长成一株新的植株。花多为紫色或红色。

习性

性喜光照充足、温暖干燥、通风良好的环境，耐旱忌涝，不耐寒。

环境布置

1.光照：喜阳光，生长季节每天保持4小时光照，可以使生长更健壮、花繁叶茂。

2.温度：生长适温为13～19℃，越冬温度以不低于8℃为佳。

3.土壤：不择土壤，以疏松、排水良好的酸性土壤为宜。

养护方法

1.浇水：生长期要保持土壤湿润，冬季停止浇水，基质过湿根系易腐烂。

2.施肥：每月施肥1次，以复合肥为主。

3.繁殖：叶插或茎插法皆可。大量繁殖时可采用不定芽进行繁殖，较大的不定芽可以直接上盆。

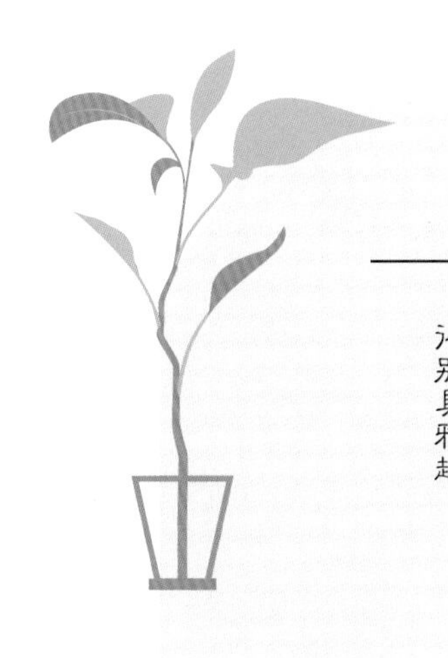

摆放技巧

大叶落地生根枝叶肥厚多汁，具有独特的观赏效果，是窗台绿化的好材料，小盆栽种可以用来点缀书房和卧室，显得别具雅趣。

紫鹅绒

别名：天鹅绒三七、土三七、橙黄土三七、红凤菊

形态特征 紫鹅绒是多年生草本植物，株高50～100厘米，茎叶上密披着鹅绒般的紫红色细毛，因此而得名。叶子对生，长卵形，叶缘处有不规则锯齿，幼叶紫红色，成熟后转为深绿色。4～5月时开黄色或橙黄色的花。

习性

性喜温暖、湿润、半阴的环境，忌阳光直射，耐寒性不强。

环境布置

1.光照：喜光，要求生长的环境有充足的光照。冬季时可以放在光线明亮处养护，夏季需遮阴50%。

2.温度：生长适温为18～28℃。

3.土壤：以肥沃、疏松和排水良好的壤土为佳。盆栽基质可用泥炭土、腐叶土、园土及适量河沙混合配制。

养护方法

1.浇水：喜水，生长季节保持盆土湿润，掌握“宁湿勿干”的原则，干热季节可向植株喷水降温保湿。

2.施肥：生长旺盛期每周施肥1次，少施氮肥，以免引起徒长和叶片褪色。多施磷、钾肥，施肥时要注意肥不沾叶。

3.繁殖：采用扦插、播种和分株法进行繁殖。

摆放技巧

紫鹅绒株形小巧，观赏性强，适宜盆栽或吊盆种植，用来装饰餐桌、茶几、书桌、电脑桌等处，也可以放在阳台、天台养护观赏。

朱砂根

别名： 富贵籽、红铜盘、大罗伞、金玉满堂

形态特征 朱砂根是多年生常绿灌木植物，株型苍青，茎干直立，在顶端处分枝。叶子质厚，呈长卵形，叶片边缘有皱纹或波纹状钝锯齿。开白花结红果，微香。挂果期半年，果未落下又开花，交错生长，四季常青。

习性

性喜湿润或半燥的气候环境，要求生长环境的空气相对温度在50%～70%。

环境布置

1.光照：对光线适应能力较强，室内养护时要尽量放在有明亮光线的地方。

2.温度：生长适温为16～28℃，低于8℃时停止生长。

3.土壤：以肥沃、疏松，富含腐殖质的沙质壤土为佳。盆栽可用腐叶土（或山泥）、菜园土、河沙混合配制的营养土，也可加适量有机肥。

养护方法

1.浇水：春、夏、秋三季是朱砂根快速生长的季节，对水分要求较多，应保持土壤湿润，并经常向地面洒水保持空气湿度。入冬后，适当控制水分。

2.施肥：对肥料要求较高，在春至秋季的生长季节，10天施肥1次，前期以氮肥为主，现蕾期停止施用氮肥，增施磷、钾肥。入冬后，果实变红，此时停止施肥。

3.繁殖：可采用播种法、扦插法、压条法。一般生产上大量栽培时多采用播种法，出苗容易，管理简单。

小富贵

别名： 香花槐

形态特征 小富贵是蝶形花豆科乔木，主干不壮，枝叶散开，显得层次分明。叶子互生，由数片小叶组成羽状复叶，叶形为椭圆形至卵圆形，叶面光滑，叶色青翠浓密。花红色，气味芳香。

习性

性喜高温多湿、阳光足的环境，耐高温，宜湿润。

环境布置

1.光照：春、冬季要适当增加光照，每天光照3～4小时可以保持叶片的鲜明色泽。夏、秋季要适当遮阳。

2.温度：生长适温为15～30℃。

3.土壤：宜用疏松肥沃、排水良好、富含有机质的壤土和沙质壤土。

养护方法

1.浇水：生长季节应常保持盆土湿润。盛夏时节要常向叶面喷水，过于干燥会使叶尖、叶片干枯。冬季盆土不宜太湿，但要经常向叶面喷水。

2.施肥：每20～25天施1次氮、磷、钾复合肥，植株生长比较旺盛。

3.繁殖：无种子可供繁殖，只能靠埋根段、插枝条或嫁接作无性繁殖。

摆放技巧

小富贵是常年青翠的观叶植物，耐热也耐寒，既可摆放在案头、窗台处，也可以放在办公室、会议室、公司的前台等公共场所作为绿植点缀，是常用的风水树种之一。

镜面草

别名：一点金、翠屏草、尽显草、紫常绿

形态特征 镜面草是多年生肉质草本植物，茎直立，不分枝。叶子肥厚近圆形，形状就像古代的铜镜。叶片深绿色，富有光泽，中央上方叶柄着生处有一个金黄色的圆点，因此又被称为“一点金”。

习性

性喜温暖、湿润的环境，较耐寒，喜阴。

环境布置

1.光照：喜明亮的散射光，忌烈日暴晒，以防灼伤叶片，叶色变黄。晚秋到翌春时节，可多见阳光。

2.温度：生长适温为15～20℃。

3.土壤：宜选用疏松、肥沃、富含腐殖质的沙质壤土。可用园土、腐叶土、河沙等量混合配制基质。

养护方法

1.浇水：经常保持盆土湿润，但不要积水，以防叶片变色、凋萎甚至茎干腐烂，浇水要见干见湿。为保持空气湿度，可经常向叶面喷雾。

2.施肥：生长季节每半月施稀薄液肥1次。要注意，氮肥过多会造成叶片徒长、植株倒伏，浓肥及生肥会造成植株烂根甚至死亡。

3.繁殖：一般采用分株或扦插法，以分株法较为简便易行。

摆放技巧

镜面草叶形奇特、姿态美观，适合在温室、庭院和室内栽培。室内摆放时，可以放在案台、卧室、阳台等荫蔽处，作为小型绿化装饰，也可用作盆景装饰。

荷花竹

别名： 莲花竹、观音竹

形态特征 荷花竹是常绿小乔木植物，外形与一般的富贵竹相似。整株株型挺直，叶片环生，细长呈剑形，四季常绿，极富竹韵。木质茎粗壮，枝节明显，顶端处就像盛开的荷花，因此而得名。

习性

性喜温暖、湿润的半阴环境，耐涝，耐肥力强，抗寒力强。

环境布置

1.光照：忌强光直射，适宜在明亮散射光下生长，光照过强、暴晒会引起叶片变黄、褪绿、生长慢等现象。

2.温度：生长适温为22～30℃。

3.土壤：适宜生长于排水良好的沙质土或半泥沙及冲积层黏土中，也可水培、无土栽培。

养护方法

1.浇水：5～9月生长旺期要多浇水，保持土壤湿润，宁湿勿干。高温期还要经常用水喷洒叶片和地面，增加空气湿度。秋、冬季适当减少浇水量。

2.施肥：生长期间每月施1～2次液体肥，可促使叶色浓绿、苍翠。冬季停止施肥。

3.繁殖：可采用扦插法进行繁殖，水插也可生根。

摆放技巧

适合一般盆栽，或者直接水养，放在客厅、书房、卧室等靠近窗边的光线明亮处，也可在厅堂内成行点缀，或作切花配料。

八角金盘

别名： 八金盘、八手、手树

形态特征 八角金盘是常绿灌木或小乔木植物，基部肥厚，可生长至5米高。整株枝叶浓密，层叠翠绿，叶片富有光泽。叶柄细长，叶片呈掌状裂开，形成八个尖角。10～11月开淡白色花朵，浆果球形。

习性

性喜湿暖、湿润的环境，耐阴，不耐旱，有一定耐寒力。

环境布置

1.光照：忌强日照，春、夏、秋三季应遮光60%以上，冬季则要多照阳光。

2.温度：生长适温为10～25℃

3.土壤：以排水良好而肥沃的微酸性土壤为宜。盆栽可用腐叶土、粗河沙、田园土加入适量的硫磺粉或硫酸亚铁制成营养土。

养护方法

1.浇水：夏、秋高温季节要勤浇水，并注意向叶面和周围空间喷水，以提高空气湿度。10月份以后控制浇水量。

2.施肥：4～10月为生长旺盛期，可每2周左右施1次薄液肥，10月以后停止施肥。

3.繁殖：用扦插、播种和分株法进行繁殖。

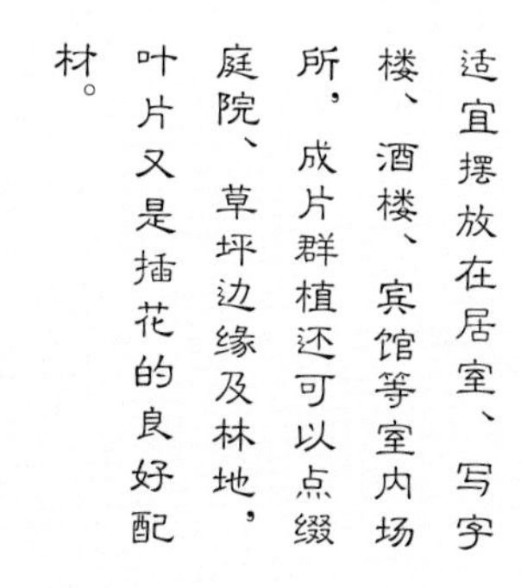

摆放技巧

适宜摆放在居室、写字楼、酒楼、宾馆等室内场所，成片群植还可以点缀庭院、草坪边缘及林地，叶片又是插花的良好配材。

密叶朱蕉

别名： 太阳神、绿密龙血树、阿波罗千年木、密叶龙血树

形态特征 密叶朱蕉是常绿木本植物，无分枝，无叶柄。叶片密集轮生，向四周散发生长，叶面呈长椭圆形，叶色青翠浓绿。植株生命力旺盛，生长较慢，给人以优雅、水灵的感觉。

习性

性喜高温、高湿的半阴环境，耐旱，耐阴性强。

环境布置

1.光照：喜充足的散射光，忌强烈的阳光直射。5~9月应遮阴30%~50%，其他时间给予充足的阳光。

2.温度：生长适温为22～28℃。

3.土壤：喜排水良好、富含腐殖质的壤土。盆栽可用腐叶土、泥炭土和珍珠岩等材料配制营养土。

养护方法

1.浇水：生长期掌握“不干不浇”的原则，不使盆土过干或过湿。夏季高温期应经常向叶面喷洒水，冬季控制浇水量。

2.施肥：需肥不多，生长期每月追施 1~2次稀薄液肥即可，冬季停止施肥。

3.繁殖：采用扦插法进行繁殖。

摆放技巧

密叶朱蕉株形紧凑小巧，叶色翠绿优良，是室内绿化装饰的珍品。适宜在室内花槽中成列摆设，也可以用小盆栽种，装点几桌、窗台等处。

圆叶福禄桐

别名： 金钱兜、圆叶南洋参

形态特征 圆叶福禄桐是常绿灌木或小乔木植物，植株多分枝，茎干灰褐色，上面密布皮孔。枝条柔软，叶子互生，小叶呈宽卵形或近圆形，基部心形，边缘有细锯齿，叶面绿色。另有花叶、银边品种。

习性

性喜温暖、湿润、阳光充足的环境，耐半阴，不耐寒，怕干旱。

环境布置

1.光照：可长期放在光线明亮处养护。如每天晒数小时阳光，可使生长更为旺盛。夏季应避免强烈的阳光直射，冬季放在室内阳光充足处。

2.温度：生长适温为15～30℃。

3.土壤：以疏松肥沃、排水性良好的沙壤土为佳。盆栽用土可用腐叶土、园土、沙和少量沤制过的饼肥末或骨粉混合配制。

养护方法

1.浇水：生长期要保持盆土湿润而不积水，盛夏还需每天给叶面喷水1次，冬季减少浇水量。

2.施肥：每2周左右施1次观叶植物专用肥或腐熟的稀薄液肥。若是花叶品种，注意肥液中氮肥含量不宜过高，以免叶面上的花纹减退，甚至消失。9月以后停止施肥。

3.繁殖：采用扦插法进行繁殖。

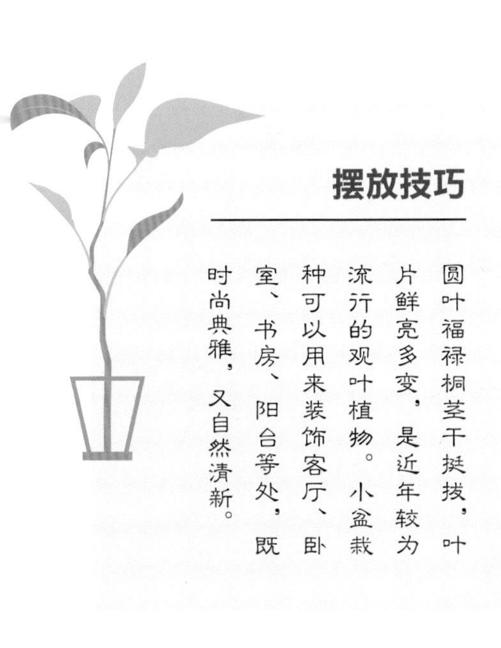

摆放技巧

圆叶福禄桐茎干挺拔，叶片鲜亮多变，是近年较为流行的观叶植物。小盆栽种可以用来装饰客厅、卧室、书房、阳台等处，既时尚典雅，又自然清新。

万年青

别名：名菖、开喉剑、冬不凋、千年菖

形态特征 万年青为多年生常绿草本植物，无地上茎。根状茎粗短，上面有节，叶从茎上长出。叶片质厚，宽大呈椭圆形，上面长有清晰的纹路。常见的栽培品种有花叶万年青、虎眼万年青、广东万年青、中华万年青等。

习性

性喜温暖、湿润、通风良好的半阴环境，不耐旱，稍耐寒，忌积水。

环境布置

1.光照：喜半阴环境，怕强光直晒。春、夏、秋三季应遮阴60%以上，冬季遮阴40%。

2.温度：生长适温为l5～18℃。

3.土壤：一般园土均可栽培，但以富含腐殖质、疏松透水性好的微酸性沙质壤土为佳。

养护方法

1.浇水：不宜多浇水，做到“盆土不干不浇，宁可偏干也不宜过湿”。除夏季须保持盆土湿润外，春、秋季浇水不宜过勤。

2.施肥：生长期间每隔20天左右施1次腐熟的液肥。初夏生长较旺盛，可10天左右追施1次液肥，追肥中可加兑少量0.5%硫酸铵。

3.繁殖：播种、分株法均可。

摆放技巧

万年青可以去除空气中的尼古丁、甲醛等有害物质，释放氧气，净化空气，十分适合作为家庭绿植，摆放在客厅或者卧室。大型盆栽可放置于酒楼、宾馆、会议室、公司等公共场所，使大堂变得绿意葱葱。

春羽

别名：春芋

形态特征 春羽是多年生常绿草本植物，植株高大，可长至1.5米以上。茎极短，呈木质化，生有很多气生根。叶柄肉质，长圆形。叶从茎的顶部向四面伸展，排列紧密、整齐，呈丛生状。叶片巨大，呈粗大的羽状深裂，浓绿而有光泽。

习性

性喜温暖、湿润的半阴环境，畏严寒。

环境布置

1.光照：宜放在半阴处养护，夏季避免烈日直射，防止灼伤叶片。

2.温度：生长适温为20～30℃。

3.土壤：喜肥沃、疏松、排水良好的微酸性土壤。家庭栽培可用腐叶土、泥炭土、园土等加少量河沙混合配制的营养土。

养护方法

1.浇水：生长期注意保持盆土湿润，忌过干。夏季每天可向叶片或花盆四周喷水，保持清新湿润的小气候，冬季减少浇水次数。

2.施肥：生长旺季里，每月施肥水1～2次，忌偏施氮肥，否则会造成叶柄细长软弱，不易挺立。冬季温度低于20℃时应停止施肥。

3.繁殖：多采用扦插、播种、分株法进行繁殖。

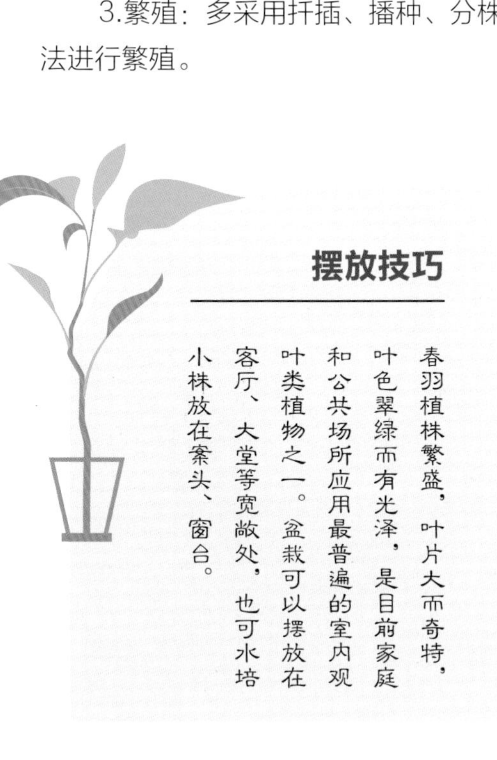

摆放技巧

春羽植株繁盛，叶片大而奇特，叶色翠绿而有光泽，是目前家庭和公共场所应用最普遍的室内观叶类植物之一。盆栽可以摆放在客厅、大堂等宽敞处，也可水培小株放在案头、窗台。

孔雀竹芋

别名：蓝花蕉、五色葛郁金

形态特征 孔雀竹芋是多年生草本植物，植株呈丛状，株高可达60厘米。长而阔的矛状叶子直接从根部长出，上面长有深浅不同的绿色斑纹，左右交互排列，隐约呈现出金属光泽，显得明亮艳丽。叶背部多呈褐红色，叶柄紫红色。

习性

性喜温暖、湿润的半阴环境，不耐直射阳光。

环境布置

1.光照：避免阳光直射，春、秋两季可放在室内光线明亮处，夏季放在半阴处养护。

2.温度：生长适温为12～29℃。

3.土壤：以疏松、肥沃、排水良好、富含腐殖质的微酸性壤土为佳。可用腐叶土、泥炭或锯末、砂混合，加入少量豆饼作基肥，忌用黏重的园土。

养护方法

1.浇水：生长季节应充分浇水，保持土壤湿润，但不能积水。夏、秋季还须经常向叶面喷水，以降温保湿。秋末后控制水分，以利抗寒越冬。

2.施肥：生长期每20天施稀薄液肥1次，氮、磷、钾比例应为2：1：1，可使叶色光泽艳丽，切忌氮肥比例过大。冬季和夏季停止旋肥。

3.繁殖：主要采用分株和组织培养法进行繁殖。

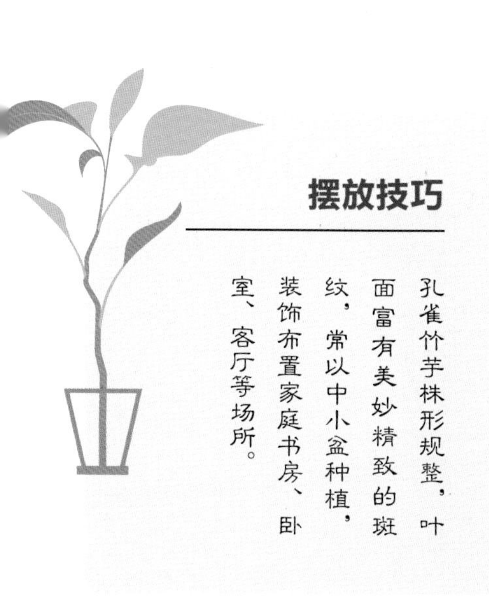

薄荷

别名：夜息香、水益母、鱼香草、人丹草、野仁丹草、见肿消

形态特征 薄荷是多年生草本植物，茎叶带有特殊香味。茎直立，高30～60厘米，下部数节长有纤细的须根和水平匍匐的根状茎。叶片的形状有卵圆、椭圆形等，叶色有绿色、暗绿色和灰绿色等。花很小，淡紫色，唇形，花后结暗紫棕色的小粒果。

习性

性喜温暖、潮湿和阳光充足、雨量充沛的环境。

环境布置

1.光照：为长日照作物，性喜阳光，不宜种在荫蔽的地方。

2.温度：生长适温为20～30℃。

3.土壤：以土层深厚、疏松肥沃、富含有机质的壤土或半沙壤土为好。培养土可用园土、粗黄沙、泥炭、有机肥混合配制。

养护方法

1.浇水：植株生长初期和中期水分需求较多，现蕾开花期需求较少，平时需要保持盆土偏湿。

2.施肥：以氮肥为主，磷、钾为辅，薄肥勤施。

3.繁殖：一般用根茎繁殖，也可用扦插法和用种子进行繁殖。

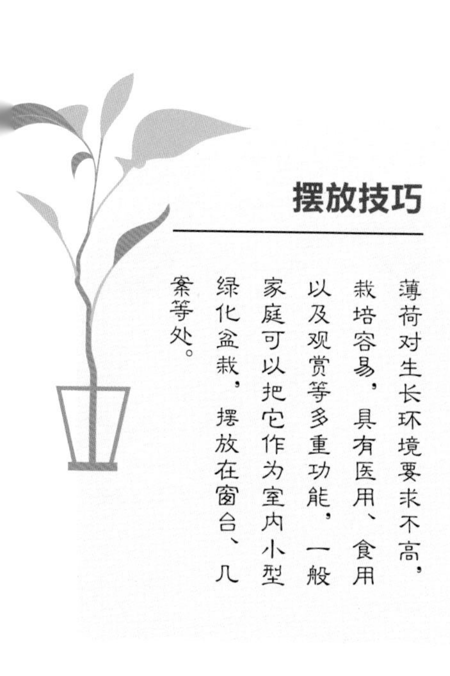

摆放技巧

薄荷对生长环境要求不高，栽培容易，具有医用、食用以及观赏等多重功能，一般家庭可以把它作为室内小型绿化盆栽，摆放在窗台、几案等处。

兴旺竹

别名： 罗汉柴、大果竹柏

形态特征 兴旺竹是常绿乔木植物，由野生的竹柏经人工培植后所得。兴旺竹树干通直，树皮褐色，枝桠横生。叶子交叉对生，形状像竹叶，上面长有多数并列细脉。种子核果状，圆球形。

习性

性喜温暖环境，不耐湿亦不耐旱，稍耐寒。

环境布置

1.光照：属耐阴树种，不能在太阳下直接暴晒，否则根茎会发生日灼或枯死现象。
2.温度：生长适温为18～26℃。
3.土壤：在深厚、疏松、湿润、多腐殖质的沙壤土或轻黏土上生长较为迅速。

养护方法

1.浇水：保持盆土湿润，不可过于湿涝，最好在表土稍见干时浇透水。冬季如果温度低于15℃，则需等表土干燥后再浇透。

2.施肥：少施勤施，最好施用酸性肥料，而且是浇灌肥液最好。

3.繁殖：常用播种和扦插法进行繁殖。

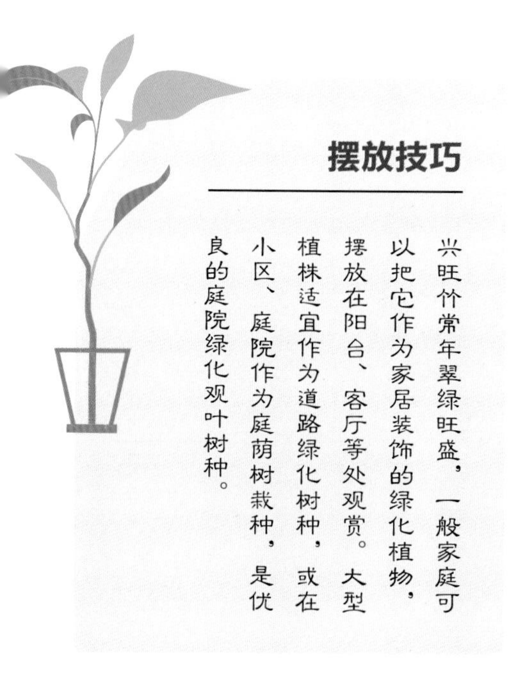

摆放技巧

兴旺竹常年翠绿旺盛，一般家庭可以把它作为家居装饰的绿化植物，摆放在阳台、客厅等处观赏。大型植株适宜作为道路绿化树种，或在小区、庭院作为庭荫树栽种，是优良的庭院绿化观叶树种。

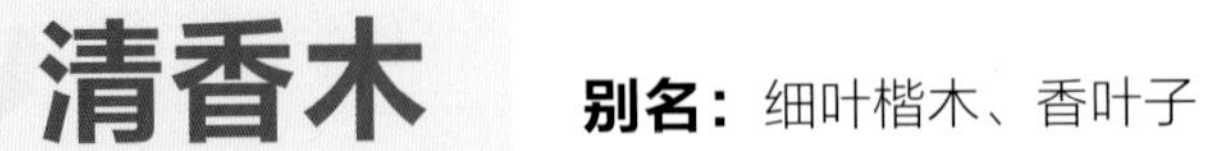

清香木

别名：细叶楷木、香叶子

形态特征 清香木是常绿灌木或小乔木植物，根系发达，主干多分枝，带有淡淡清香，野外生长时可以长至2～8米高。全株枝叶浓密，叶为偶数羽状复叶，叶片在枝桠的叶柄上长出，呈椭圆形。挂果期在8～10月，果红色。

习性

性喜温暖、光照充足的环境，稍耐阴，萌发力强，生长缓慢，寿命长。

环境布置

1.光照：对光照的适应性强，在全日、半日光照下都可生长，同时也耐阴。家庭养护时，以半阴半阳的地方为佳。

2.温度：生长适温为15~28℃。

3.土壤：以疏松、肥沃、排水良好的土壤为好。栽培时可用壤土、腐殖土、泥炭土按1：1：1的比例混合配制的营养土。

养护方法

1.浇水：坚持“不干不浇，浇则浇透”原则，待盆土干透再浇。冬天应减少浇水量。

2.施肥：在养护期间，每年追3~4次肥。幼苗尽量少施肥甚至不施肥，避免因肥力过足导致烧苗或徒长。

3.繁殖：主要采用种子繁殖，也可采用扦插法进行繁殖。

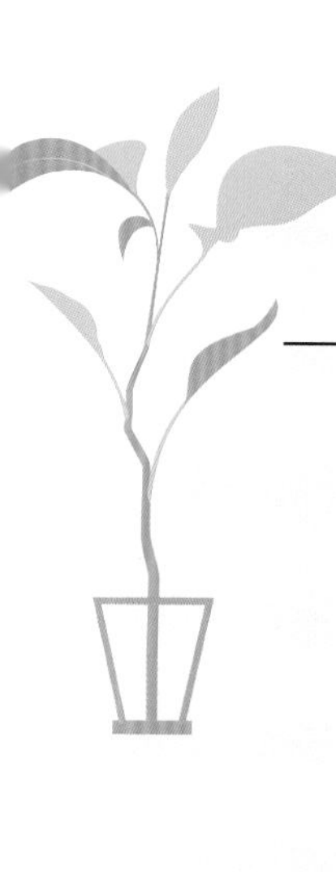

摆放技巧

清香木叶终年常绿，叶色翠绿发亮，栽培容易，并且伴有淡淡清香，适合家庭盆栽观赏，摆放在窗台、阳台等通风透光的地方。园林中，常用作盆景造型材料或露地布置。

皱叶椒草

别名： 皱叶豆瓣绿、四棱椒草

形态特征 皱叶椒草是多年生常绿草本植物，茎短，株高20～25厘米。叶片肥厚光亮，呈心脏形，色泽褐红。叶面有皱褶，呈波浪状起伏，皱褶基部几乎为黑色。花梗红褐色，穗状花序白色或淡绿色，长短不等，在春末至秋季开放。

习性

性喜温暖、湿润的半阴环境，不耐寒，怕高温，不耐干旱。

环境布置

1.光照：喜半日照或明亮的散射光，光线太强会使叶片颜色变黄，太弱又会使叶片失去光泽。冬季可放在阳光充足的地方。

2.温度：生长适温为25～28℃。

3.土壤：以排水良好的腐叶土为宜。可用园土、腐叶土、河沙等混合而成的疏松培养土，并可加入少量的饼肥作基肥。

养护方法

1.浇水：生长期保持盆土湿润而不积水，注意宁少勿多，否则会因土壤过湿引起根部腐烂。

2.施肥：生长季节可每月施肥1次，肥料宜用充分腐熟的饼肥水或以氮肥为主的稀薄液肥。施肥时，避免与叶面接触。

3.繁殖：可采用分株、扦插或叶插法进行繁殖。

摆放技巧

皱叶椒草叶片光亮素雅、清新别致，是优良的室内观叶佳品，常用来点缀家居的几架、书桌、案头和阳台，也适宜摆放在办公室、写字楼、宾馆、酒楼等场所，作为美化装饰盆栽。

网纹草

别名：费道花、银网草

形态特征 网纹草是多年生常绿草本植物，在观叶植物中属小型盆栽植物。叶子对生，卵圆形，红色叶脉纵横交替，形成匀称的网状。茎枝、叶柄、花梗长有茸毛，花黄色。分为白网纹草和红网纹草，两者的区别在于叶脉的颜色不同。

习性

性喜高温、多湿的半阴环境。

环境布置

1.光照：以散射光为好，忌直射光，耐阴性较强，室内摆放时最好放在光线明亮的窗边。夏季以50%～60%遮光率最适宜，冬季需充足阳光，中午时稍遮阴保护，雨雪天还应增加辅助光。

2.温度：生长适温为18～24℃，冬季温度不宜低于13℃。

3.土壤：以富含有机质、通气保水的沙质壤土为最佳。也可用泥炭种植，有助于根部经常保持湿润。

养护方法

1.浇水：浇水时必须小心。如果盆土完全干掉，叶子就会卷起来以及脱落；如果太湿，茎又容易腐烂。而网纹草的根系又较浅，所以等到表土干时就要进行浇水，而且浇水的量要稍加控制，最好能让培养土稍微湿润即可。

2.施肥：对于生长旺盛的植株，每半个月可施1次比正常浓度低一半的以氮为主的复合肥。

3.繁殖：可用扦插或分株法进行繁殖。

摆放技巧

网纹草姿态轻盈小巧，叶色淡雅，纹理匀称，常被用作室内小型绿植，用于点缀窗台、阳台等处。

滴水观音

别名： 滴水莲、佛手莲

形态特征 滴水观音是多年生草本植物，植株可高达2米，地下有肉质根茎，叶柄长。叶片宽大，上面长有清晰的纹理，形状如同一块前端急尖的盾牌。花苞从主茎叶片中长出，开花如佛焰状。在空气温暖潮湿、土壤水分充足的条件下，叶尖端或叶边缘便会向下滴水，因此而得名。

习性

性喜温暖、湿润的半阴环境，不耐寒。

环境布置

1.光照：喜半阴，不耐强烈阳光暴晒。6～10月需要遮阴，遮去50%～70%的阳光。

2.温度：生长适温为25～30℃。

3.土壤：以排水性良好、肥沃、偏酸性的壤土为佳。可用腐叶土、泥炭土、河沙加少量沤透的饼肥混合配制的营养土栽培，也可水培。

养护方法

1.浇水：特别喜湿，生长季节不仅要求盆土潮湿，而且要求空气湿度不低于60%。夏季高温时要加强喷水，但不能过度，盆土不能有积水。冬季少浇水。

2.施肥：比较喜肥，3～10月应每隔半月追施1次液体肥料，其中氮元素比例可适当增高。温度低于15℃时应停止施肥。

3.繁殖：常用分株、扦插和播种法进行繁殖。

摆放技巧

滴水观音是大型观叶植物，宜用大盆或木桶栽培，可用于布置大型厅堂或室内、花园。无论是单独造景还是配合其他植物、园林造景，都有良好的景观效果。

袖珍椰子

别名：矮生椰子、袖珍棕、矮棕

形态特征 袖珍椰子是常绿小灌木植物，外形小巧玲珑，酷似热带地区的椰子树，盆栽时高度一般不超过1米。植株茎干直立，不分枝，上面长有不规则花纹。叶子细长，由茎顶部生出，叶色浓绿光亮。春季开花，花黄色呈小珠状。

习性

性喜温暖、湿润的半阴环境。

环境布置

1.光照：喜半阴，最好放在明亮散射光下。强烈的阳光暴晒会使叶色变得枯黄，而长期光照不足会使植株变得瘦长。

2.温度：生长适温为20～30℃，13℃时进入休眠期。

3.土壤：以排水良好、湿润、肥沃的壤土为佳。盆栽时一般用腐叶土、泥炭土加1/4河沙和少量基肥制作基质。

养护方法

1.浇水：坚持“宁干勿湿”原则，盆土经常保持湿润即可。夏、秋季空气干燥时，要经常向植株喷水，可保持叶面深绿且有光泽。冬季适当减少浇水量，以利于越冬。

2.施肥：一般生长季每月施1～2次液肥，秋末及冬季稍施肥或不施肥。

3.繁殖：一般利用种子进行繁殖。

摆放技巧

袖珍椰子株形优美，耐阴性强，极具热带风情，是优良的室内中小型盆栽观叶植物。小型盆栽宜点缀客厅、书房，大型植株可供厅堂、会议室、候机室等处陈列摆设。

合果芋

别名： 长柄合果芋、紫梗芋、剪叶芋、白蝴蝶、箭叶、绿精灵

形态特征 合果芋是多年生常绿草本植物，茎节长有气生根，能攀附他物生长。叶片呈两型性，幼叶呈戟形或箭形单叶，叶色较淡；成熟的老叶深绿色，叶质变厚，外形呈掌裂，有3裂、5裂或多裂不等。品种较多，叶色有斑纹、斑块或全绿等。

习性

性喜高温、多湿的半阴环境，畏烈日，怕干旱，不耐寒。

环境布置

1.光照：适合摆放在明亮散射光下。在明亮的环境中，叶子色会较浅，叶片较大，而在阴暗的环境中生长，叶子较小，叶色较深。夏、秋季需适当遮阴，避免强光直射。冬季有短暂的休眠。

2.温度：生长适温为22～30℃，冬季温度在5℃以下叶片会出现冻害。

3.土壤：以肥沃、疏松和排水良好的沙质壤土为宜。盆栽土以腐叶土、泥炭土和粗沙的混合土为宜，也适合无土栽培。

养护方法

1.浇水：春、夏、秋季生长期要多浇水，保持盆土湿润，但勿积水。天气炎热时还应对叶面喷水或淋水，冬季休眠期则控制水分，但不可让盆土干透。

2.施肥：生长期每2周浇施1次稀薄液肥，每月喷1次0.2%硫酸亚铁溶液，可保持叶色翠绿可爱。

3.繁殖：主要采用扦插法进行繁殖，也可用分株法。

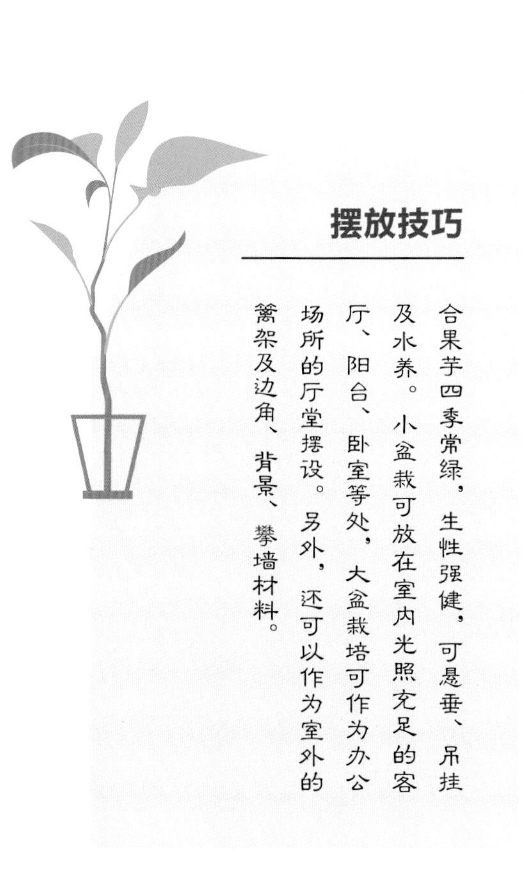

摆放技巧

合果芋四季常绿，生性强健，可悬垂、吊挂及水养。小盆栽可放在室内光照充足的客厅、阳台、卧室等处，大盆栽培可作为办公场所的厅堂摆设。另外，还可以作为室外的篱架及边角、背景、攀墙材料。

图书在版编目(CIP)数据

观叶植物养护指南 / 犀文图书编著. -- 北京 : 中国农业出版社, 2015.1（2017.4 重印）
（我的私人花园）
ISBN 978-7-109-20079-1

Ⅰ. ①观… Ⅱ. ①犀… Ⅲ. ①园林植物－观赏园艺－指南 Ⅳ. ①S682.36-62

中国版本图书馆CIP数据核字(2015)第001504号

中国农业出版社出版
（北京市朝阳区麦子店街18号楼）
（邮政编码：100125）
总 策 划　刘博浩
责任编辑　张丽四

北京画中画印刷有限公司印刷　新华书店北京发行所发行
2015年6月第1版　2017年4月北京第2次印刷

开本：787mm×1092mm　1/16　印张：8
字数：150千字
定价：29.80元
（凡本版图书出现印刷、装订错误，请向出版社发行部调换）